FAO中文出版计划项目丛书

联合国粮食及农业组织畜牧生产及动物卫生手册27

动物卫生应急行动管理手册

联合国粮食及农业组织　编著

谭茜园　阮　敏　吕艾琳　译

中国农业出版社
联合国粮食及农业组织
2023·北京

引用格式要求：

粮农组织。2023。《动物卫生应急行动管理手册》（联合国粮农组织畜牧生产及动物卫生手册第 27 号）。中国北京，中国农业出版社。https：//doi.org/10.4060/cc0068zh

本信息产品中使用的名称和介绍的材料，并不意味着联合国粮食及农业组织（粮农组织）对任何国家、领地、城市、地区或其当局的法律或发展状况，或对其国界或边界的划分表示任何意见。提及具体的公司或厂商产品，无论是否含有专利，并不意味着这些公司或产品得到粮农组织的认可或推荐，优于未提及的其他类似公司或产品。

本信息产品中陈述的观点是作者的观点，不一定反映粮农组织的观点或政策。

ISBN 978-92-5-138330-8（粮农组织）
ISBN 978-7-109-31196-1（中国农业出版社）

AAR	行动后审查
AH‑EOC	动物卫生应急行动中心
CFSPH	粮食安全和公共卫生中心
CVO	首席兽医官
DVS	兽医局
EMC‑AH	动物卫生应急管理中心（联合国粮农组织）
EOC	应急行动中心
FAD PReP	美国农业部《海外动物疫病预防和应急规划》
FAO	联合国粮食及农业组织
FEMA	联邦紧急事务管理局
FMD	口蹄疫
GEMP	《良好应急管理实践：必要元素》
GIS	地理信息系统
HPAI	高致病性禽流感
IAP	事件处理计划
IASC	机构间常设委员会
ICS	事件处理指挥系统
ICT	信息与通信技术
LEGS	《畜牧业应急准则与标准》
MBN	纳米比亚肉类委员会
MoU	谅解备忘录
NAHEMS	国家动物卫生应急管理系统
NIMS	国家事件管理系统（美国）
PHEOC	公共卫生应急行动中心
PIO	公共信息官员
PPE	个人防护设备
PPEP	应急准备的渐进式途径

PVS	兽医体系效能
SitRep	情况报告
SMEACS‐Q	情况、任务、执行、行政与后勤、指挥与通信、安全、问题
SOP	标准操作程序
TAD	跨境动物疫病
USDA	美国农业部
WAHIS	世界动物卫生信息系统
WHO	世界卫生组织
WOAH	世界动物卫生组织（成立时为 OIE）

本手册沿用《良好应急管理实践：必要元素》采用的定义和世界动物卫生组织《陆生动物卫生法典》的词汇。为确保一致性，促进对术语的理解，在必要之处增补了若干术语。

ACKNOWLEDGEMENTS | 致　谢 |

　　本手册作者向下列专家顾问表示感谢：Edgardo Arza、Amadou A. Ndiaye、John A. Ohemeng、Galib Abdulaliyev、Merab Acham、Lotfi Allal、Samantha Allen、Malcolm Andersen、Edem Apedwin、Alfonso Araujo、Hugo Araya Veliz、Lasha Avaliani、Charles Bebay、Guillaume Belot、Francesco Berlingieri、Jaouad Berrada、Laouad Berrada、Etienne Bonbon、Federica Borrelli、Abdoulaye Bousso、Marta C. R. Figueroa、Tony Callan、Maria Campuzano、Paul Cox、Ian Dacre、Paolo Dalla Villa、Vittoria Di Stefano、Seynabou Diack、Daniel Donachie、Esther Dsani、Dee Ellis、Danso Fenteng、Jean – Marc Feussom、Assane G. Fall、Nadav Galon、Andres Gonzalez Serrano、Jonas Gutschke、Keith Hamilton、Debbie Hill、Francisco Javier Reviriego Gordejo、Christine Jost、James K. Wabacha、Jessica Kayamori Lopes、Gael Lamielle、Eibhlinn Lynam、Naftaly M. Mwaniki、Ruben M. Zuniga、Jason Males、Arduino Mangoni、Hoang Manh Tien、Jean Marc Mfeussom、Rosanne Marchesich、Jered Markoff、Lijin Ming、Fred Monje、George Mukora、Lee Myers、Beatrice Nannozi、Cassimir Ndongo、Marius Niaga、Serge Nzietchueng、Pawin Padungtod、Pornpitak Panlar、Ago Partel、Rose Penda、Marie Pierre Doguy、Ludovic Plée、Barbara Porter – Spalding、Frédéric Poudevigne、Mariano Ramos、SéverineRautureau、Diego Rojas、Eric Rojas Torres、Maria Romano、Orr Rozov、Peter Rzeszotarski、Apanun Saeliu、Onpawee Sagarasaeranee、Ismaila Seck、Amy Snow、Batsaikhan Sodnom、Frida Sparaciari、Marcel Spierenburg、Hayley Squance、Nir Tenenbaum、Nguyen Thi Thuy Man、Paolo Tizzani、Jose Urdaz、Sophie VonDobschuetz、Wang Youming。

特别鸣谢信息管理和通信团队的 Claudia Ciarlantini 和 Cecilia Murguia 参与本手册编辑出版工作。

CONTENTS **目　录**

第一章 概　　述

1.1 引言

本手册为各国和地方、国家、区域和国际层面相关组织开展动物卫生应急准备和管理提供指南。

本手册整理汇编联合国粮食及农业组织（简称粮农组织，FAO）名为《良好应急管理实践：必要元素》（简称《良好应急管理实践》手册，GEMP）的出版物内容，就动物卫生紧急情况平时阶段和紧急阶段的处理办法提出总体思路。

此外，本手册内容还与《畜牧业应急准则与标准》（LEGS）保持一致。《畜牧业应急准则与标准》是一套国际准则和标准，旨在为紧急情况期间设计、实施和评价畜牧业干预措施提供支持，从而为遭遇人道主义危机的民众提供帮助。

《良好应急管理实践》手册是粮农组织应急准备的渐进式途径（PPEP）的基础。

应急准备的渐进式途径这一工具可推动国家兽医部门根据世界动物卫生组织（WOAH，成立时缩写为 OIE）确立的国际标准（如《陆生动物卫生法典》《水生动物卫生法典》《陆生动物诊断试验和疫苗手册》《水生动物诊断试验手册》）开展自我评估、建立标准化动物卫生应急管理能力和实现可持续型应急准备。

世界动物卫生组织的兽医体系效能（PVS）工具涉及与动物卫生应急行动管理直接相关的三项重要能力：

（1）为紧急情况筹措资金（第一章，重要能力 9）；

（2）应急准备与应对（第二章，重要能力 5）；

（3）内部协调（指挥系统）（第一章，能力 6.A.）。

本手册无意做出规定性描述，而是通过列举澳大利亚、加拿大和美国等国家采取的良好做法，分析其举措结构和工作流程，以此促进兽医部门和主管部门落实上述文件标准。兽医部门和主管部门可对比了解自身体系，或是以本手册案例为指导新建或改良自身体系。

🔍**案例**

本手册的运用

喀麦隆共和国以本手册为模板，制定出符合自身国情的国家手册[*]。

多个国家（澳大利亚、喀麦隆、智利、哥伦比亚、加纳、肯尼亚、塞内加尔、泰国、乌干达、美国和越南）以手册内容为基础开展模拟演练，相关反馈意见已纳入本手册。

————————

[*]《喀麦隆动物卫生应急行动管理手册》。

本手册虽无法涵盖所有可能发生的情况，但各国可以本手册为指导，因地制宜开展动物卫生应急行动准备和管理工作。

- 第一章概述手册内容，指出与《良好应急管理实践》等动物卫生文件的互补之处。
- 第二章介绍平时阶段应开展的具体准备工作，以高效管理动物卫生应急行动。
- 第三章介绍动物卫生应急行动，以及如何实施应急行动管理机制和体制。
- 附录一的清单、表格和模板可供参考，为动物卫生应急行动管理提供支持。
- 附录二为成立应急行动中心提供指导。

1.2 手册范围

本手册主要关注由动物疫病感染或侵染（包括人畜共患病）引发的动物卫生紧急情况的应急准备和管理工作。

本手册就"平时"和"紧急"阶段下开展"准备"和"应对"工作提供指导。《良好应急管理实践》手册对相关阶段的介绍见下文。

本手册广泛适用于各类危险情况，并不局限于洪灾和旱灾等自然灾害引发的动物卫生紧急情况，也不局限于工业灾害引发的动物卫生紧急情况，如核事件、化学污染、饲料污染（严重危害动物卫生或公共卫生）、食品安全紧急情况（涉及动物）等。此外，本手册不对动物卫生紧急情况的科学或技术问题进行讨论。

1.3 《良好应急管理实践：必要元素》

粮农组织的《良好应急管理实践》手册系统性地提出做好充分准备工作的

必需要素，以及可应用于所有事件类型的动物卫生应急管理方法，包括非传染性事件等因自然现象引起的事件和意外事件或人为事件（FAO，2011）。

本手册沿用《良好应急管理实践》手册中的下述定义：

- 动物卫生紧急情况是指由预期会发生或可进行防范、但无法准确预判的动物卫生事件引发重大破坏或严重情形的一种状态。动物卫生紧急情况的起因包括重大跨境动物（陆生和水生）疫病（TAD）的暴发等多种危险情形。
- 应急管理是指对紧急情况中的责任、资源和行动等要素进行统筹组织和管理。应急管理涉及各项计划和制度安排，旨在系统、全面和协调地推动和指导公共和私营部门开展应急工作。

《良好应急管理实践》手册提出动物卫生紧急情况四个阶段可采取的良好应急管理办法，这四个阶段分别是："平时""警戒""紧急"和"重建"。

四个阶段及各阶段应采取的应急行动如图1-1所示。各阶段行动简要介绍如下，具体内容可参阅《良好应急管理实践》手册。

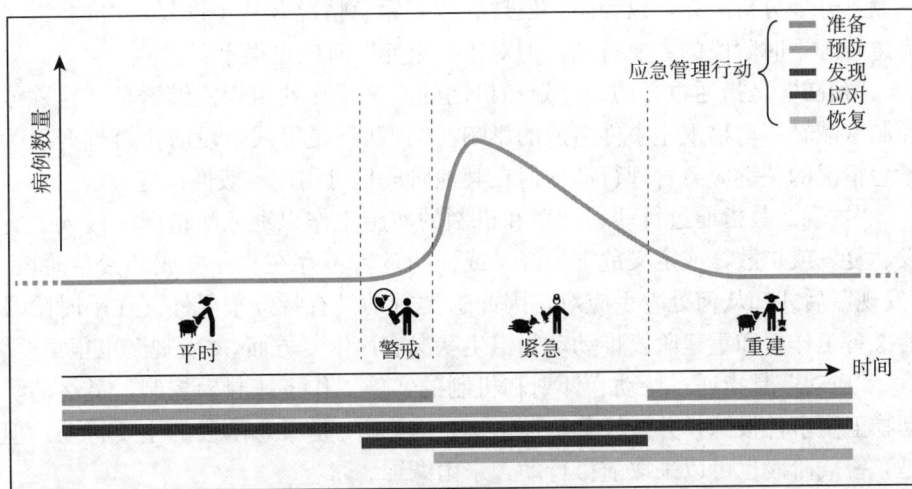

图1-1 动物卫生紧急情况各阶段采取的应急管理行动
资料来源：粮农组织，2022。

平时阶段是指某动物卫生事件发生前的一段时期，其间无需就此事件采取特殊或紧急行动。例如，某疫病处于平时阶段的同时其他（多种）疫病正处于紧急阶段。

警戒阶段是指在动物卫生事件的风险水平下，需要密切关注各项工作，快速传递、分享和评估相关信息，并迅速采取预防措施以应对即将发生的紧急情况的一段时期。在警戒阶段下，威胁不断扩大，或是已经明确威胁的存在。重大疫病的疑似病例，或是邻国或贸易伙伴国的确诊病例都可触发警戒阶段。警戒阶段期间将使用预警系统。

紧急阶段是指要求立即采取行动以避免或减轻动物卫生事件造成直接和间接损失的一段时期。虽然这是唯一一个以"紧急"二字命名的阶段，但应急管理贯穿整个事件始末。

重建阶段是指紧急阶段之后的一段时期，专门用于重建动物种群，推动人类和动物健康恢复至紧急情况前的水平（包括采取行动减少风险因素），重启畜牧生产、价值链和贸易，恢复生计，为因动物卫生事件受到影响的其他社会经济事业提供支持。恢复后的动物卫生状况可能与事件发生前的状况不同。重建阶段还应开展事后评估或行动后审查（AAR）。

《良好应急管理实践》手册指出，动物卫生事件期间应开展五类应急管理行动："准备""预防""发现""应对"和"恢复"，并按照与动物卫生紧急情况各阶段的相关度来实施。

"准备"是指在动物卫生紧急情况发生前制定和实施战略、政策、计划、机制，开展分析工作，以预防、发现、应对紧急情况并从中恢复。"准备"是应急管理平时阶段的主要行动，但对于"重建"阶段也很重要。

"预防"是指通过行动、计划和机制的实施工作使组织能够避免、排除或控制（减轻）动物卫生事件造成的影响。"预防"是警戒阶段防止事件升级为紧急情况的关键应急管理行动，但在其他阶段也可用作一般性措施。

"发现"是指通过行动、计划和机制的实施工作识别危险情况的侵入、突发、复发或扩散，或定义危害等级，或证明危害不存在。在警戒和紧急阶段，"发现"后才知从何处着手应对，因此这类行动具有特殊重要性。在平时阶段的准备工作中和重建阶段推动动物卫生状况有序恢复方面，"发现"也很重要。

"应对"是指通过行动、计划和机制的实施工作迅速封锁控制，最终消除动物卫生事件根源，并减轻其负面影响。"应对"是紧急阶段的主要行动。但是，警戒阶段也可以采取前摄行动，未雨绸缪。

"恢复"是指通过行动、计划和机制的实施工作重启畜牧生产、价值链和贸易，恢复生计，并为其他受影响的社会经济事业提供支持。"恢复"是重建阶段的主要行动，但可于紧急阶段结束前启动，尤其是在紧急阶段持续时间长或影响范围广的情况下。

第二章　动物卫生应急行动管理的准备工作

2.1　引言

动物卫生应急行动管理能力取决于准备工作是否充分。为务实高效地开展动物卫生应急行动管理，兽医部门需投入必要资源，在国家、省（州）和地方层面做好应对准备。

本章将讨论以下内容：

- 及时采取有效应对措施的必要条件；
- 建立应对能力，包括：
  - 主管部门和有利框架；
  - 应急系统；
  - 应急行动中心；
  - 应急行动计划和配套程序；
  - 应急行动的配套机制；
- 保持应对能力，包括：
  - 人员培训；
  - 通过模拟演练进行测试；
  - 监督和审查。

2.2　及时采取有效应对措施的必要条件

快速采取有效动物卫生应急措施有四个必要条件。具体如下：

- 动物卫生事件的发现、分类和确定优先级；
- 动物卫生紧急情况声明触发条件的确立；
- 动物卫生事件的早期发现；
- 提前制定应对目标和策略。

在这四个必要条件下可实现动物卫生紧急情况的早期发现，为官员及时采取适当应对措施奠定基础。

2.2.1 动物疫病的发现、分类和确定优先级

国家通过发现动物卫生事件及其相应影响，并进行分类和确定优先级，明确可能引发动物卫生紧急情况的动物卫生事件，为应急准备和应对计划的制定和落实提供合理依据。

动物卫生事件的战略风险评估工作应被视作一项"准备"行动，应在评估结果的指导下，预防、准备和降低动物卫生事件相关风险水平。战略风险评估应包括经济社会影响、粮食安全状况和公共卫生影响等可能带来的后果。《良好应急管理实践》手册附录四就动物卫生应急管理的风险分析提供进一步指导。

国家就引起重大关切的动物卫生事件（包括人畜共患病）制定目录，对于适当开展动物卫生应急行动计划至关重要。重大动物卫生事件目录制定出台后，应定期根据最新的战略风险评估做出调整。

2.2.2 动物卫生紧急情况声明触发条件的确立

动物卫生事件满足法定定义时，即触发动物卫生紧急情况声明。

各国应明确哪些动物卫生事件可能会演变为动物卫生紧急情况，为应急和恢复开展必要基础工作（建立应急组织和部门，制定行动战略和应对计划）。

各国还应明确动物卫生紧急情况的级别或严重程度。通过明确动物卫生紧急情况的严重程度，官员能够及时有效地协调各方开展应急管理行动，并为此筹措资源和提供必要支持。

🔍 案例

动物卫生紧急情况严重程度

机构间常设委员会（IASC）于2018年制定的标准操作程序（IASC，2018）从受灾规模、紧急程度、复杂程度、救灾能力和失败风险等方面界定严重程度，从而保障救援工作的有效开展。

2.2.3 动物卫生事件的早期发现

一国准确快速发现动物卫生紧急情况并为事件定性的能力取决于以下因素：

• 针对重大动物卫生紧急情况的国家监测计划，发现新发和复发动物卫生事

件，开展疫情调查和实验室诊断；

- 利益相关方对国家法定通报重大动物卫生事件目录的了解程度；
- 完成风险评估，包括通过路径分析和绘图法明确定向监测重点区域（基于风险的监测）；
- 主管部门和利益相关方是否能够使用早期预警系统；
- 是否具备实验室诊断能力，包括私营实验室认证系统（即符合 ISO 9000 和 ISO/IEC 17025《检测和校准实验室能力的通用要求》；用于评估实验室特定诊断检测能力的能力测试）和正式增援支持协作框架（如世界动物卫生组织参考实验室网络或粮农组织参考中心）；
- 训练有素的工作人员，能够认识到可能引发紧急情况的动物卫生事件的重要性和紧迫性；
- 开展流行病学调查分析的技术能力，包括制定诊断标准。

2.2.4　提前制定应对目标和策略

应针对战略性风险评估明确的重大动物卫生事件制定动物卫生应急目标和策略，并形成文件。文件内容应包括动物卫生事件性质、防控原则、防控政策目标以及可能对动物福利产生的影响。应将这些文件作为权威性参考。

🔍 **案例**

动物卫生应急目标和策略

澳大利亚针对《突发动物疫病应对协议》中列出的所有病种制定了具体应对策略，并形成相应的"疫病策略"手册。相关手册就应对（疑似）疫情提出全国统一的政策和配套技术资料。

应对策略包括以下内容：

- 疫病的性质；
- 疫情防控和根除的原则；
- 政策和理由（保障手册落实的澳大利亚相关应对政策和策略）。

资料来源：澳大利亚动物卫生公司（AHA），2021。《澳大利亚兽医应急计划》（AUSVETPLAN）概述部分（5.0 版）。https://animalhealthaustralia.com.au/ausvetplan/

判断一项策略是否适合和有利于动物卫生事件应对措施，需要考虑许多因素，包括选择药物治疗还是疫苗，疫情调查强度的选择，疫情的直接和间接影响（如动物福利），利益相关方的应对措施和公众的接受程度，事件规模，现有的兽医对策，以及实施相关应对策略的现有资源（APHIS，2017）。

应于平时阶段确定疫情应对策略，并包括以下内容：

- 限制动物和动物副产品流动；
- 对场所进行隔离；
- 扑杀；
- 紧急接种疫苗。

这些应对策略互不排斥，可能还需结合其他卫生措施。第三章将对此做进一步讨论。

2.3 建立应对能力

除上述必要条件外，要为动物卫生应急行动管理做好准备，还需要在国家层面建立以下能力：

- 主管部门和有利的法律框架；
- 伙伴关系和协议；
- 应急工作机制和体系；
- 应急行动中心；
- 应急行动计划和配套程序；
- 应急行动的配套机制。

下文将对上述各项能力以及在国家层面的实施情况做出说明。

2.3.1 主管部门和有利的法律框架

这主要是指国家政府和省（州）政府机构建立法律和监管基础设施（于动物卫生紧急情况各阶段启用）的能力。其目的是设立主管部门和制定程序，从而发布动物卫生紧急情况声明，为迅速有效地开展应急工作行使必要权力。这是制定应急计划的基础步骤，包括以下内容：

- 就应急工作设立主管部门和委任职权；
- 明确和指定应急工作主管部门。

2.3.1.1 就应急工作设立主管部门和委任职权

动物卫生应急准备中的一项关键内容是具备落实必要防疫举措的法律权力。按照国际标准（特别是世界动物卫生组织《陆生动物卫生法典》）和现行国家框架（如国家灾害管理框架和国家应急准备与应对框架），国家应通过法律框架明确兽医部门和其他公共机构参与管理动物卫生应急行动的有关要求和监管权力。

该法律框架应包括但不限于以下管辖权和权力：

- 能够发布动物卫生紧急情况声明；

- 官员或指定人员能够进入农场、屠宰场或其他畜牧企业执行紧急任务（如疫病调查、检疫的实施和监管、扑杀、消毒、采样等）；
- 能够划定染疫区和防疫区；
- 能够在未经监管部门明确许可的情况下对农场或其他畜牧企业进行隔离，以防止动物和动物产品出入疫区；
- 能够禁止畜禽、畜禽产品和其他可能被污染的材料流动；
- 能够查看动物流动情况记录；
- 能够扣押和保管动物；
- 能够具有对染疫动物的处置权，有权决定染疫动物的处置方式（如选择染疫动物的销毁方式）；
- 能够批准对染疫或疑似染疫的动物以及受污染或可能受污染的产品和材料进行强制销毁和无害化处理（须进行赔偿，见下文）；
- 能够获得资金、捐款和应急基金，以支持应急行动，包括部署人员、购买和筹措设备和材料，妥善落实农民补偿计划（不是所有国家都有能力运行相同的应急行动资助机制，部分兽医部门依靠内部或外部资金来开展工作，而其他机构则依靠国际组织的干预措施）；
- 能够未雨绸缪采取预防性干预措施和开展防疫行动，包括在警戒阶段限制流动和强制接种疫苗。

法律和监管框架应适用于国家到地方各级政府。

对于采用联邦政府体系的国家，全国各地的动物卫生应急法律应协调一致。

所有参与应对动物卫生紧急情况的关键利益相关方都应在其辖区接受法律框架培训，从而明确开展相关行动的法律依据。

依据法律授权发布动物卫生紧急情况声明是动物卫生应急管理的基本工具。发布动物卫生紧急情况声明时需考虑若干因素，包括公共卫生风险，对畜牧业的经济影响，对粮食安全和食品安全的影响，动物福利和对旅游业的影响。国家和省（州）一级主管部门需提前确定发布动物卫生紧急情况声明必须满足的标准、触发因素和门槛条件，必要时可获取外部支持。

🔍 **案例**

动物卫生紧急情况的法律框架

美国《动物卫生保护法》就预防、发现、控制和消除动物疫病和虫害，以及发布动物疫病紧急情况声明赋予农业部长广泛权力。

美国《联邦法规》指导和授权美国农业部与各州合作开展疫病防控和根除工作，包括：

- 执行检疫限制措施和命令并进行赔偿；
- 购买、销毁和处理染疫或疑似染疫动物及相关动物产品和材料；
- 对房舍、运输工具和材料进行消毒等。

除此之外，各州均有权另立法规、规则、政策、程序和其他法律框架，对联邦总体要求作出补充。

资料来源：美国农业部（USDA）。

🔍 案例

发布动物卫生紧急情况声明的标准

- 属于重大疫病，虽尚未传入国内，但邻国出现确诊病例；
- 属于重大疫病，虽尚未传入国内，但国内出现首例疑似病例；
- 属于重大疫病，此前未传入国内，但国内出现首例确诊病例；
- 属于重大疫病，已传入国内，发病率或致病力出现显著增强（阈值）或异常变化（宿主、地区）；
- 许多流行病学单位同时频繁出现不良情况（阈值）且原因不明。

资料来源：粮农组织，《畜禽疫病防控补偿计划指南》。http://www.fao.org/ag/againfo/resources/documents/compensation_guide/introduction.html

应提前制定动物卫生紧急情况声明发布程序和延期条件。动物卫生紧急情况声明应包括以下内容：

- 声明的生效日期；
- 涉及的地理范围；
- 紧急情况的引发条件；
- 应急工作牵头单位。

声明还可列出能够缓解疫情影响的措施，如加强生物安全措施或限制染疫动物和动物产品的流动。

动物卫生紧急情况声明的发布为获取非紧急情况下通常无法取得的更多资源创造透明的有利条件。发表声明后，有关各方将被赋予以下职权：

- 启动应急机制、计划和互助协议；
- 获取更多资源，包括用于应对措施和疫后恢复的应急资金；
- 使用应急资金和部署人员、设备、物资和储备；

- 为应急工作人员提供法定豁免和责任保护；
- 精简行政程序，如采购要求；
- 紧急使用医疗产品。

国家、省（州）和地方层面均可发布紧急情况声明。

2.3.1.2　明确和指定应急工作主管部门

应于法律框架内明确负责动物卫生应急行动管理的主管部门，该部门应负责于平时阶段制定应急计划，并具备在紧急阶段筹措必要资源的能力。主管部门能够在其管辖范围内就动物卫生紧急情况采取应对措施和管理应急行动。发布动物卫生紧急情况声明前，主管部门可启动预先制定的短期行动和前摄行动。法律框架应就动物卫生紧急情况下职权和责任的授予程序和标准做出详细规定。

在大多数国家，主要由国家政府负责且通常由国家兽医部门开展重大动物疫病的防控和根除工作。国家政府可依据法律法规指定兽医部门为国家应急机构，指定由首席兽医官（CVO），或同级别人员，或实体机构负责动物卫生应急准备和应对的所有技术工作。

在有的国家，州、领地或省一级政府对其辖区内的动物卫生应急行动管理负有法定责任，国家政府可在国家法律框架内提供相关支持。在此情况下，各级政府部门应共同制定应急行动程序，推动实现应急工作目标。

此外，国家兽医部门开展动物卫生应急行动的过程中，其他政府部门也有必要提供协助，需建立监管机构或正式机制，推动与其他政府部门开展协作，包括灾害管理、执法、公共卫生、野生动物、财政、环境卫生等部门，以及国际组织（FAO，2021）。

2.3.2　伙伴关系和协议

设立主管部门和制定法律框架后，下一步是建立动物卫生应急行动管理伙伴关系和签订协议。国家兽医部门或农业部与其他政府部门开展协作，有利于为技术专家建立公开、统一的交流平台，促进紧急情况信息共享。为推动协作产生实效，应指定主管部门，明确利益相关方，并分配好角色、责任和职权。

利益相关方可来自其他政府机构、非政府组织、私营部门和学术机构。应推动利益相关方参与动物卫生应急准备工作相关网络和平台。一般情况下，传统合作伙伴包括：

- 公共卫生部门。动物卫生事件可能对人类健康和福祉造成影响时，与卫生部和公共卫生机构建立伙伴关系对防控人畜共患病至关重要。
- 环境部门。就疫情防控工作可能对环境造成的影响提出意见。如果疫情波及陆生和水生野生动物，一些国家也会指定环境部门开展应急工作。

11

🔍**案例**

公共卫生协作

智利兽医部门与卫生部建立联络机制，以便了解人畜共患病传染人的情况（即地点）。该机制由相关领域专家组成，紧急情况期间在卫生部、卫生所、医院和国家兽医部门之间保持密切沟通。

- 灾害管理部门。如果动物卫生紧急情况超出兽医部门的处理能力和职责范围，灾害管理部门将提供支持。
- 私营部门和产业界。私营部门和相关产业最了解自身情况，可促进应对策略的落实。
- 执法部门（警察、武装部队、边境安全部门）。为应对策略的落实提供支持，包括边境管控，防止高风险商品进出境。
- 野生动物机构或野生动物保护部门。野生动物通常是病原体的"储存库"，动物卫生事件中可能有扩散至家畜种群的风险。
- 社区和文化领袖。他们是与社区、文化团体和个人进行沟通的重要桥梁。
- 民间社会组织、非政府组织、志愿者、研究机构和学术机构。
- 能够有力协助各国开展动物卫生应急行动的国际组织。各国可通过国际援助获取必需的技术、后勤和业务支持。

🔍**案例**

国际组织援助

联合国粮农组织动物卫生应急管理中心（EMC-AH）位于粮农组织总部——意大利罗马，自2006年以来统领全球动物卫生应急管理工作。

该中心就应急准备和应对能力提供指导，协助各国管理动物卫生紧急情况。

该中心不断发现问题、解决问题，在动物卫生紧急情况发生后加强疫病预防和发现以及疫后恢复工作。

详情请见 http：//www.fao.org/emergencies/how-we-work/prepare-and-respond/emc-ah/en/

确定关键利益相关方的角色后，应形成文件，对于正式的伙伴关系还需签订谅解备忘录（MoU）等协议。应根据利益相关方能够为动物卫生应急行动管理提供的资源类型和具体技能来分配角色。具体包括：

- 制定生物安全计划，尽可能降低动物卫生紧急情况发生的风险；
- 报告可能引发动物卫生紧急情况的事件；
- 为动物卫生应急工作保障充足的资源（即应急人员、设备、实验室诊断）；
- 动物卫生紧急情况发生时参与决策；
- 承担相应的动物卫生应急工作费用（即人工费及扑杀、清洁和消毒费用）。

　　私营部门和产业界利益相关方参与动物卫生应急准备和应对工作，特别是通过公私伙伴关系，可将紧急情况发生风险降至最低，并在发生动物卫生紧急情况时迅速采取有效应对措施。澳大利亚《突发动物疫病应对协议》（见案例）就是通过政府与行业间合作显著加强动物卫生应急准备和应对能力的成功案例。

🔍 案例

澳大利亚国家层面的公私伙伴关系

《突发动物疫病应对协议》

成员情况： 23个成员（澳大利亚联邦政府、州和领地政府、畜牧业实体）。

供资方式： 根据各产业或辖区的生产总值核算年度会费。

战略优先重点
- 管理和加强澳大利亚突发动物疫病应对行动。
- 改善澳大利亚动物卫生公司及成员防范和应对突发动物疫病的能力。
- 加强生物安全、监测和动物福利，改善动物卫生状况，为市场准入和贸易提供支持。
- 为成员创造价值，加强组织绩效，增强资源筹措的可持续性。

　　公私伙伴关系及相关协议文件应明确业务原则和准则，划定各方角色和责任。下述材料对公私伙伴关系做出进一步解释：

- 世界动物卫生组织《公私伙伴关系手册》（WOAH，2019）就兽医领域建立具有影响力和可持续性的公私伙伴关系提供指南。
- 粮农组织《私营部门合作战略（2021—2025年）》就加强私营部门战略合作、落实联合国可持续发展目标提出全新前瞻性愿景。

　　各国可通过公私伙伴关系成立动物卫生应急工作专项基金，或推动政府和私营企业就动物卫生应急行动成本和责任的管理办法签订协议。公私伙伴协议应是具有法律约束力的正式文本，这有利于快速筹措资金，协助兽医部门开展动物卫生应急行动管理，尽可能降低供资方面的不确定性。

除了公私伙伴关系，各州或各国之间还可以签订互助协议，在应急需求超出国家现有能力的情况下实现互帮互助。互助合作领域可以包括设备、人员、疫情调查、流行病学分析、扑杀、动物尸体处理，以及实验室支持。

🔍 **案例**

国家层面的公私伙伴关系：纳米比亚

纳米比亚通过公私伙伴关系成立了动物卫生应急基金。2015年，该基金为应对口蹄疫（FMD）疫情供资。纳米比亚肉类委员会（MBN）迅速筹措应急资金，支持兽医局（DVS）立即制定防疫措施（采购防疫设备和物资）。纳米比亚肉类委员会还通过动物卫生协商论坛（纳米比亚肉类委员会是该论坛的秘书处）为兽医局提供以下支持：

- 开展全国宣传工作；
- 指派防疫和诊断专家，指派和协调兽医进行疫苗接种后的血清调查；
- 为路障临时执勤人员提供餐食；
- 通过农民协会协调周边村民为兽医警戒围栏的巡逻和维修工作提供必要协助（长期协助兽医局维护大象常出没地区的围栏设施）。

资料来源：世界动物卫生组织，紧急情况和韧性。https://www.woah.org/en/what-we-offer/emergency-and-resilience/

应在互助协议中明确其法律依据，并规定资源获取程序。

还可以与应急专家签订协议，应急专家可据此提供技术专长，推动全国动物卫生应急准备和应对工作的统筹协调，加强相关机构设置和能力建设。

🔍 **案例**

互助协议

由澳大利亚、加拿大、爱尔兰、新西兰、英国和美国签订的《国际动物卫生应急储备协议》是一个关于互助协议的实际案例。

在此协议下，签署国可在动物疫病突然暴发时借用他国人员开展应急工作，作为国内应急力量的补充。

2.3.3 应急工作机制和体系

政府负责管理动物卫生紧急情况，且通常由动物卫生主管部门负责落实。

14

主管部门应于平时阶段根据法律规定建立应急工作机制与事件处理指挥系统，明确各级部门关于动物卫生应急行动管理的职能、责任和义务。首席兽医官或指定官员应能够在应急工作机制的支持下切实高效管理中央到地方层面出现的各类重大动物卫生事件。

就动物卫生应急行动管理制定应急工作机制时，应考虑应急工作的两个重要作用：

(1) 事件地点应急管理，监督实地工作；

(2) 非事件地点应急协调，监督和统筹协调应急工作。

为切实高效应对各类动物卫生紧急情况，应能够针对事件规模和复杂程度调整应急工作机制的规模和内容。此外，该机制应充分具备灵活性，能够在应急需求增大、外部资源增加时迅速扩大行动规模，也能在紧急阶段至重建阶段的过渡期内及时缩小规模。

案例

应急工作机制

美国农业部建立了动物疫病事件应急工作机制，并由美国农业部动植物卫生检验局（APHIS）局长负责统领疫情防控期间相关政策的实施工作。

多项动物卫生事件管理工作由该局主管兽医事务副局长兼美国首席兽医官负责。如图 2-1 所示，能够通过该机制满足实地工作团队在资源、协调支持和政策等方面的需求（AHA，2021）。

应急工作机制应包含适用于各个层面的事件管理体系。1970 年，北美洲推出用于管理重大火灾的事件处理指挥系统（ICS）。在此基础上，现代事件管理体系得以制定。许多国家因地制宜，按各自需求进行调整后采纳使用，广泛应用于管理有害物质泄露、地震、人类健康、动物卫生紧急情况和重大活动（如奥运会）。事件管理体系的主要管理职能包括：

- 事件处理指挥；
- 行动；
- 计划；
- 后勤；
- 财务和行政。

第三章将进一步讨论上述职能及其相互关系。

要注意的是，事件处理指挥系统中应急工作人员可承担多项职责，且各项职能不必同步启动。例如，对于小规模事件，可由一人负责后勤工作和应急行

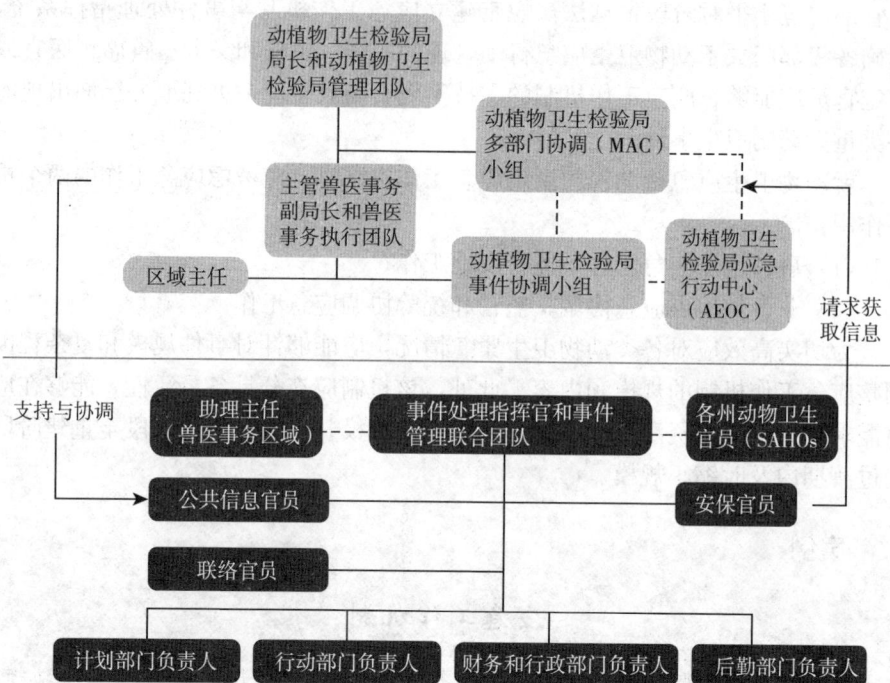

图 2-1　美国农业部动植物卫生检验局非事件地点和事件地点管理机制

资料来源：美国农业部动植物卫生检验局：《外来动物疫病应对措施参考指南——职能和协调》，第 5 页，2016。https://www.aphis.usda.gov/animal _ health/emergency _ management/downloads/fad _ prep _ rrg _ roles _ coordination.pdf

动，一人负责监督财务、行政和计划工作。

模块化管理结构的优势在于可以拓宽职能范围，覆盖更多层级，满足应急工作需求。启用的职能级别和数量将取决于应急工作的规模、范围、复杂程度、疫病或病原体类型和地理区域。事件结束后，该管理结构可能缩小规模、解散或进入恢复状态。第三章将详细介绍相关内容。

2.3.4　应急行动中心

本节介绍平时阶段成立应急行动中心（EOC）相关工作的主要特点及其在动物卫生应急行动管理中发挥的作用。

世界卫生组织（简称世卫组织，WHO）《公共卫生应急行动中心（PHEOC）框架》指出，应急行动中心的核心要素包括法律授权、基础设施、计划和程序、信息与通信技术（ICT）基础设施、信息系统和数据标准、人力资源、培训和演练、监督和评价以及财政资源（WHO，2015）。

动物卫生应急行动的高效管理离不开参与各方之间的有效协调。应预先指定和部署应急行动中心，其呈现形式可以是一辆车、一张办公桌、一间会议室，或是一整栋大楼，为应急行动提供支持和后台协调。

2.3.4.1 应急行动中心的作用

应急行动中心负责管理所有在非事件地点开展的工作，并为应急工作人员收集和协调实地工作资源和需求提供总调度，对于动物卫生应急行动管理具有重要意义。

动物卫生紧急情况期间，应急行动中心可以：

- 为实地工作提供指导和支持；
- 收集、整理、评价和传播信息；
- 协调非事件地点机构和行动；
- 明确资源优先顺序；
- 管理资源（需求、申请、分配和跟进）；
- 管理公共信息和警告。

根据行政区划和现有资源，各国可在国家、省（州）和地方层面建立应急行动中心。各中心工作重点可能不同，但组织结构、机制和程序会有诸多相似之处。

2.3.4.2 平时阶段成立应急行动中心

建立应急行动中心的第一步是确定职能需求，并遵循图2-2所示成立步骤计划。

应急行动中心成立指南参见附录二。

2.3.4.3 应急行动中心的政策和程序

应急行动中心的政策和标准操作程序（SOP）应形成文件，保障中心有效运转，并促进动物卫生应急行动管理工作。应于平时阶段制定标准操作程序，供紧急阶段使用，其内容包括：

- 应急行动中心启用触发条件（即预警通报、疫病监测数据趋势、紧急情况声明等）；
- 动物卫生紧急情况期间签订和处理合同；
- 撰写和处理报告；
- 在应急行动中心框架内建立和维护维生系统（即住宿、供膳、水、卫生设施、医疗用品、供暖、通风、空调）；
- 设备操作；
- 文件记录和管理。

标准操作程序还应说明启用和停用应急行动中心的决策程序，并明确以下内容：

1. 分析情况 根据风险评估结果明确事件情况	大多数动物卫生紧急情况是由重大动物疫病和虫害引起的。
2. 确定人员需求 基本人员类型和数量	基本人员数量应反映动物卫生紧急情况的应对级别和工作要求。
3. 开展应急行动中心行动需求 调查背景情况	调查信息将为应急行动中心选址和搬迁提供指导。
4. 确定空间需求 动线安排、建筑布局和扩建需求	应急行动中心在非紧急情况下可作他用，前提是能够快速调整，提供动物卫生应急工作所需的功能。
5. 分析安全风险 出入管控、可行性、安保强度	应急行动中心应实行出入管控，并于筹备阶段考虑人员和信息安全。

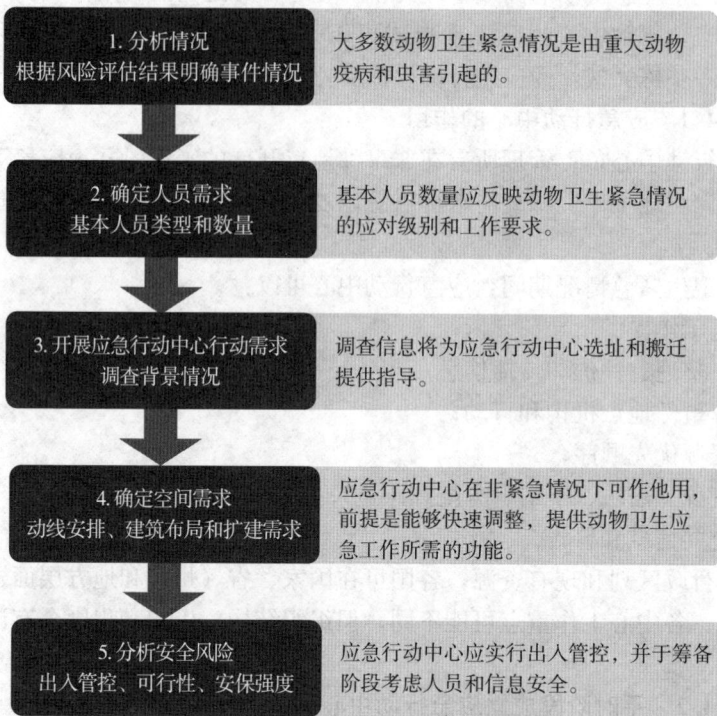

图 2-2 应急行动中心的成立步骤计划

资料来源：粮农组织，2022。

- 谁有权做决策；
- 什么是启用或停用条件；
- 何时启用或停用；
- 如何确定启用或停用范围。

应根据事先明确的触发条件来确定应急行动中心启用或停用范围。

2.3.4.4 应急行动中心的设施配备

动物卫生紧急情况准备工作包括制定标准规格设备清单、采购标准设备和耗材［如个人防护设备（PPE）］等动物卫生应急行动管理的必需品。

应急行动中心设备及物资清单参见附录一。

2.3.5 应急行动计划和配套程序

应为动物卫生应急行动管理编制计划和标准操作程序资料库，资料库内容应与国家现有能力相匹配且符合当地实际情况。应组织模拟演练对其功能、效用和准备情况进行测试，并开展定期审查确保符合应急工作要求。动物卫生应急行动资料库可包括以下内容：

- 应急工作计划；
- 补偿计划；
- 紧急恢复计划；
- 业务或行动连续性计划；
- 标准操作程序。

2.3.5.1　应急工作计划

应急工作计划（又称应急计划或紧急干预计划）是指用于动物卫生紧急情况紧急阶段的一份或系列文件。计划内容包括动物卫生应急行动管理过程中应实施的措施、行动理念、程序、信息和策略。

可访问世界动物卫生组织官网紧急情况和韧性页面了解应急工作计划示例（水生和陆生动物）。

2.3.5.2　补偿计划

农民可能会因动物卫生紧急情况的发生蒙受巨大的直接或间接经济损失。补偿计划旨在明确动物卫生紧急情况期间因实施强制扑杀和销毁措施对动物所有者进行补偿的政策和程序。

应根据国家补偿政策制定补偿计划，于平时阶段明确赔偿水平、支付方式和时间等具体细节，并列入补偿计划。

2.3.5.3　恢复计划

恢复计划关注短期和长期重点恢复工作，为疫区关键职能、服务或计划、重要资源、基础设施恢复工作提供指导。

2.3.5.4　业务连续性计划

业务连续性计划旨在通过推动兽医部门和受影响企业在应急工作期间继续正常开展业务或重要工作来减轻动物卫生紧急情况产生的影响。

2.3.5.5　应急行动管理标准操作程序

标准操作程序就有效管理动物卫生应急行动相关重要工作提供详细指导，防疫战略文件和应急工作计划均未就相关行动细节作深入讨论。

应于地方业务层面采用（或制定）标准操作程序，以便就地使用，且应纳入动物卫生应急行动管理利益相关方和应急工作人员培训方案。

标准操作程序可根据预期受众和用途采用不同的格式，但每套标准操作程序都应包含以下要素：

- 标题；
- 目标或理由依据；
- 主管部门签字；
- 实施范围；

- 资源或设备；
- 警告；
- 拟开展工作情况及各项工作的授权实施方；
- 参考资料；
- 附录（如有）。

可访问粮农组织官网，参阅《良好应急管理实践：高致病性禽流感应急工作标准操作程序》（FAO，2011）中的高致病性禽流感（HPAI）应急工作标准操作程序示例。

2.3.5.6 计划和标准操作程序的维护更新

应急工作计划和标准操作程序并非一成不变，应建立审查和维护更新机制，及时进行修订，以体现指定官员、应急资源（如政策、人员和组织结构）、管理流程及设施设备方面的新变化。除此之外，风险概况、演练或实际事件的行动后报告和改进计划如出现变化，或是颁布或修订法律或行政命令等，都应做出相应调整。各国应就应急工作计划和配套程序的修订工作制定质量保障程序。

2.3.6 应急行动的配套机制

提高动物卫生应急行动管理成效，须针对关键环节制定管理机制和流程。本节内容将就建立下列机制提供指导：
- 资金管理机制；
- 资源管理机制；
- 信息管理机制；
- 工作交流机制。

2.3.6.1 资金管理机制

兽医体系效能工具一般用于评估兽医部门的工作成效，其一项关键作用是为动物卫生应急行动管理提供资金，包括应急行动资金和补偿金（如需销毁动物或资产）。平时阶段制定的供资安排将保障紧急阶段资金及时到位。应急供资框架还应做出规定，明确关于接受和使用外部捐款的协议签订程序。应指定主管部门和相关单位负责资金发放工作。动物卫生紧急情况声明一经发布，即可启用相关资金。为避免延误管理行动，应建立资金快速发放保障机制。由于应急资金不一定由国家兽医部门负责管理，该保障机制应就相关部门或机构的应急资金发放程序做出明确规定。

资金管理机制应明确相关经费的管理办法，包括疫病监测、风险分析、信息管理系统安装等日常工作经费，以及动物卫生紧急情况期间可能产生的费用，具体包括：

- 采购应急物资和设备；
- 应急行动人员交通和设备运输；
- 应急行动人员食宿；
- 供应方或服务提供方；
- 电信等通信方式的安装与维护；
- 向农民支付补偿金。

2.3.6.2　资源管理机制

应建立和维护动物卫生应急行动管理的资源管理机制和流程。相关机制和流程应具备灵活性、可调节性和适应性，能够为任何类型的动物卫生紧急情况提供支持。《良好应急管理实践》手册的"平时阶段为紧急情况做准备：装备"一节指出，应为保障动物卫生紧急情况下的资源调度做好准备工作，并列出了工作清单。

🔍**案例**

资金安排和机制

大多数情况下，资金安排须与各国国情相适应，例如：
- 在乌干达，首席兽医官有权决定资金的使用。
- 在美国，农业部正常业务预算中的应急资金有限，但农业部长可酌情增补资金和发布特别紧急声明。
- 在哥伦比亚，可以调度"准财政"资金用于支持应急行动。"准财政"资金是相关农业产业生产者义务缴纳的费用。例如，咖啡产业"准财政"资金可平移至生猪健康产业"准财政"资金，助力应对突发生猪疫情。

哥伦比亚的"准财政"机制借鉴了德国模式，现有14项涉农"准财政"资金，而智利则未建立此类资源机制。

如哥伦比亚农业和农村发展部网站所述，农业和农村发展部负责监督相关资金机制，并就应急响应等情况下资金的合理使用提供政策指导。

应制定和实施标准化资源管理机制和流程，推动事前、事中和事后的资源采购、调度、部署和回收工作。

动物卫生紧急情况结束时，相关资源管理工作即终止。资源管理工作步骤如图 2-3 所示。

还应制定相关程序，持续监测实物资源的供应情况和状态，对已获取的资源进行维护。

图 2-3 资源管理流程

资料来源：美国联邦紧急事务管理局（FEMA）《国家事件管理系统》（NIMS），第三版，2017，第 12 页。https://www.fema.gov/sites/default/files/2020-07/fema_nims_doctrine-2017.pdf

2.3.6.3 信息管理机制

对动物卫生应急行动进行高效管理，应急人员之间应共享信息，推动应急行动的规划与实施，因此须在平时阶段建立信息管理机制，并面向应急人员开展培训。

兽医部门负责发现和应对其管辖区域内发生的动物卫生事件，并且须与其他行动方和伙伴合作管理相关数据和信息。因此，须建立全国通用的灵活机制，用于承载通过各种方式收集的各类数据集。为此，信息管理机制应为数据收集、整理、分析和传播提供保障，通过综合信息平台整合案例管理、调查、任务分配、资源管理和地理信息系统（GIS）软件，并向获得授权的用户开放。

🔍 案例

信息管理机制

美国应急管理系统（EMRS）2.0 版本为全国兽医应急工作提供全面支持，该系统是一款基于网页的应用程序，可用于报告和存储疫病监测、各州疫情、国家（所有危害）应急工作以及常规外来动物疫病调查等相关数据。

建立信息管理机制时应考虑以下因素：
• 将利益相关方的作用和职责纳入信息管理机制；

• 信息收集、整理、解释、传播、获取、检索、存储和保存的规则以及信息安全；
• 信息保密指南；
• 对利益相关方和用户进行培训；
• 信息管理方式、渠道、技术、设备和工具。

2.3.6.4　工作交流机制

情况介绍会、汇报和报告是工作交流机制的关键内容，对动物卫生紧急情况期间的信息交流至关重要。

情况介绍会确保供应方等全体参与人员了解行动的目标、战略、安全问题、角色和责任以及报告关系，一般在行动启动、人员换班和工作团队进入调查区域分头行动前召开。情况介绍会应当简短扼要，不应进行讨论、辩论或自由交流，应由高级别人员负责主持。处理事件的主要负责人应确保各级管理部门按要求组织情况介绍会，且计划、公共信息、行动和后勤等部门均以适当形式组织部门内部的情况介绍会。

情况介绍会应遵循事先设定的标准化模式，如澳大利亚事件管理系统采用的 SMEACS－Q[①] 模式。该缩略词可以帮助人们快速记忆汇报和举办情况介绍会的方法，是信息提供者和接收者均应掌握的一种常规信息交流模式。SMEACS－Q 情况介绍法清单参见附录一。

2.4　持续开展应对能力建设

兽医部门应保持并尽可能不断提高应对能力，常见方法有：
• 人员培训；
• 模拟演练测试；
• 监督和评价工作。

2.4.1　人员培训

负责动物卫生应急行动实施或管理的利益相关方，从管理层到实地工作人员，都应接受岗位职责培训。为持续推动能力建设，应按是否具备相关工作经验明确培训的预期与实际需求。应急工作职责不同，所需核心能力也不相同，如策略行动（实地工作）和应急行动管理（领导和协调）对人员的能力要求并不一致。

---

① 译者注：SMEACS－Q 的中文全称为"情况、任务、执行、行政与后勤、指挥与通信、安全、问题"。

实地应急工作人员需具备实地工作管理能力，包括实施扑杀、处置、净化、检疫和流动控制等卫生措施，使用设备工具，以及开展风险沟通和行为管理。

应急行动管理人员需具备行动管理相关各类技术和非技术能力。

培训计划既可以是多年期课程，由管理团队和应急团队成员参加，也可以是系列核心培训课程，对管理和应急团队成员的能力进行跟踪和检查，确保相关人员能够在动物卫生紧急情况中履职尽责。

培训计划还应在开展行动前提供培训材料，用于帮助管理团队和应急工作人员（包括志愿者或临时工）复习或学习相关工作要点，推动其履职尽责并确保安全。

2.4.2　模拟演练测试

演练是指将团队或个人置于模拟情境中的集中练习。演练过程中，团队或个人应全力以赴，体现真实的水平能力。

可以通过开展模拟演练对上述应对能力进行全面评估。开展模拟演练主要有两个益处：

（1）团队和个人训练：工作人员通过演练锻炼能力和积累经验。

（2）系统性提升：相关机构通过演练完善动物卫生应急行动管理体系。

通过参与、规划、监督和评价演练活动，吸取经验教训不断改进，就能够获得上述益处。模拟演练有助于实现以下目标：

- 测试应急工作计划和标准操作程序的作用；
- 展示管理团队的专业能力；
- 演示或练习设备和物资的正确使用方式；
- 训练并证明主管部门及利益相关方的水平和实践能力。

2.4.3　平时阶段的监督和评估工作

主管部门应于平时阶段对准备工作进行监督和评估（即本节内容），以确保准备工作切合实际且与时俱进。因此，应针对以下内容开展监督和评价工作：

- 各方达成一致的安排，如法律、协议、政策、计划和程序；
- 设施、储备物资和应急设备等动物卫生紧急情况使用的资源；
- 应急工作人员，确保其具备动物卫生应急工作必需的技能和知识。

虽然可以将模拟演练作为一种对国家动物卫生应急行动管理准备程度进行评估的方法，但也应对模拟演练这项工作进行监督和评估，总结经验，不断加强全国动物卫生应急行动管理的准备工作。

第三章 动物卫生应急行动管理

3.1 引言

动物卫生事件可能会演变为动物卫生紧急情况，本章将介绍此类事件发生时，应在警戒阶段开始后采取哪些行动予以应对。应对措施的有效性取决于若干因素，即警戒触发是否及时，警戒阶段信息采集质量，以及紧急阶段采取的应对行动。

3.2 警戒阶段

在警戒阶段，已经存在一定的动物卫生事件风险，需要密切关注动向走向，快速传递、分享和评估相关信息，迅速采取预防措施，以应对即将发生的紧急情况。

在该阶段，疫情即将暴发或是已经发现病例，比如本国或周边地区已认定重大疫病或出现疑似病例时，可使用预警系统。

3.2.1 调查动物卫生事件疑似病例

当国家或地方兽医部门获悉某一动物卫生事件，且该事件有可能演变为动物卫生紧急情况时，即进入警戒阶段。此类信息可能来自官方或民间兽医、实验室人员、农业生产人员、产业代表和社区工作人员，信息获取途径如图3-1所示。

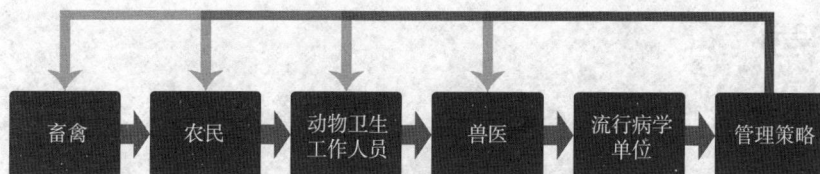

图3-1 动物疫病监测管理信息流

资料来源：粮农组织，2022。

- 日常监测，如屠宰场检查；
- 流行病学调查。

国家或地方兽医部门收到信息后，应负责通过标准化程序和表格开展调查。比如，从涉疫动物检查、病史采集和样本收集等方面着手评估当前状况，确定事件性质和影响范围。此外，应继续重新审视该评估结果。图 3-1 展示了动物疫病监测管理中常见的信息流动过程。

初步调查结束后，国家兽医部门应负责收集临床和流传病学信息，并结合技术专家意见，判定报告中所述情况是否为疑似病例。

如认为相关事件可能危及公共卫生，则公共卫生部门也应参与调查工作。

3.2.2 疑似病例的确诊

疑似病例的确诊应遵循平时阶段制定的流程与法律框架，参考实地调查结果和事件历史信息。确诊依据可以是参考实验室或获批实验室的确诊结果，在某些情况下，也可以是十分有助于诊断的临床症状。

🔍 **案例**

疑似病例的确诊

在加拿大，只有该国食品检验局下属的国家外来动物疫病研究中心有资格认定动物疫病指示病例。

制定诊断标准和选定参考或获批实验室对于认定指示病例至关重要。应于平时阶段明确规定实验室在制定诊断标准方面负有的责任。实验室人员可能也需参与实地调查，支持样本采集工作。一旦发现样本为疑似或确诊阳性，实验室应立即向首席兽医官上报有关结果。

兽医部门应用好所有信息和工具，包括应急计划中的诊断标准，判断当下情况是否符合动物卫生紧急情况的认定标准。如涉及人畜共患病，应会同公共卫生部门，共同开展应急工作。

在部分情况下可能需要会同公共卫生部门开展联合调查（见案例）。

🔍 **案例**

需与公共卫生部门开展联合调查的可能情况

- 出现国际条例中规定的、会对相关产业带来重大影响的人畜共患病单一病例；

- 监测数据或健康指标分析结果发现异常信号或意外趋势；
- 相关产业或协调监测系统，或是其他预警系统形成的报告；
- 政治、社会或经济状况出现快速或复杂变化，发生人为或自然灾害；
- 世卫组织发布国际关注的公共卫生紧急情况声明；
- 世界动物卫生组织收到认定动物间人畜共患病疫情的报告；
- 国际食品安全当局网络（INFOSAN）秘书处就人畜共患病食品安全问题发布公告；
- 对政府关切、国际组织或非政府组织声明的新看法（如来自社交媒体）。

资料来源：粮农组织，《畜禽疫病防控补偿计划指南》。http://www.fao.org/ag/againfo/resources/documents/compensation_guide/introduction.html

3.2.3 警戒阶段的应对行动

在正式认定动物疫情之前，可能就需要采取初步应对措施。警戒阶段的应对行动，是为了在已认定病原体的情况下，防止其扩散，尽量缩短反应时间，提升紧急阶段行动的有效性。但是，在紧急情况声明发布前就采取行动，部分国家还面临一定困难。因此，应于平时阶段通过应急管理法律框架做出规定，警戒阶段可以采取应对行动。

兽医部门可以根据调查结果，在出现疑似病例，但缺乏疫情范围的实地监测数据时，或病原体某些特征尚不明确时，决定启动防疫工作。在正式发布动物卫生紧急情况声明前，可于警戒阶段采取的行动如图 3-2 所示。

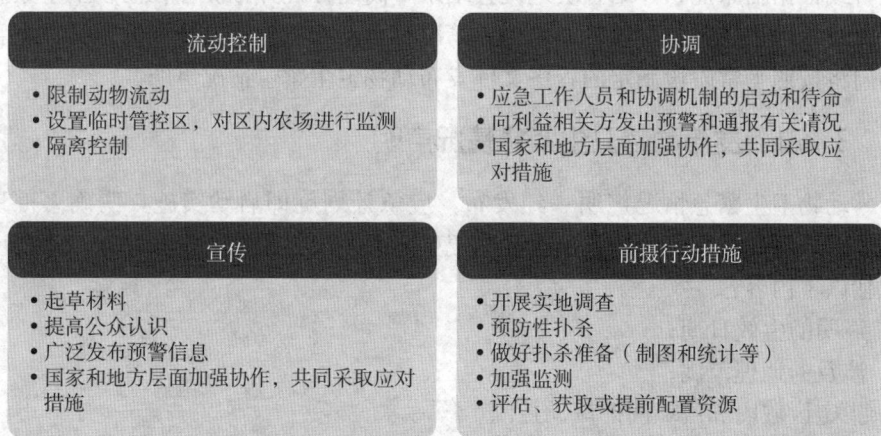

流动控制	协调
• 限制动物流动 • 设置临时管控区，对区内农场进行监测 • 隔离控制	• 应急工作人员和协调机制的启动和待命 • 向利益相关方发出预警和通报有关情况 • 国家和地方层面加强协作，共同采取应对措施
宣传	前摄行动措施
• 起草材料 • 提高公众认识 • 广泛发布预警信息 • 国家和地方层面加强协作，共同采取应对措施	• 开展实地调查 • 预防性扑杀 • 做好扑杀准备（制图和统计等） • 加强监测 • 评估、获取或提前配置资源

图 3-2 警戒阶段应开展的工作

资料来源：粮农组织，2022。

在警戒阶段，可能需要针对相关动物卫生紧急情况执行若干类法律文书，如紧急情况声明、限制动物流动声明、疫区和流动情况的分类或防疫措施等。

3.2.4　动物卫生紧急情况的通报

符合通报条件时，国家兽医部门须按照平时阶段制定的疑似病例快速和透明通报程序，向国际组织、区域组织以及周边国家通报有关情况。

可根据疫病传播到邻国的风险水平，决定是否召开跨境会议。世界动物卫生组织《陆生动物卫生法典》规定，该组织成员应立即向国际组织通报跨境动物疫情和其他重大动物卫生事件，如世界动物卫生组织的世界动物卫生信息系统（WAHIS），和粮农组织的跨境动植物病虫害紧急预防系统（EM-PRES）。

在区域层面，许多区域组织的成员也有通报义务，如非洲联盟的非洲动物资源局、欧洲联盟和东南亚国家联盟。

在国际层面，早通报有利于在必要时及早获得国际援助，及早协调各方采取应对措施。

3.3　紧急阶段

在紧急阶段，应立刻采取紧急行动，防止疫情扩散，减轻疫情造成的直接和间接损失，甚至根除疫情。如果经实验室诊断证明发生了动物卫生紧急情况，或根据临床症状并结合实地调查结果，高度怀疑并推测存在动物卫生紧急情况时，即进入紧急阶段。如果当下情况符合动物卫生紧急情况的定义，主管部门将按照平常阶段制定的程序文件发布动物卫生紧急情况声明。

3.3.1　发布动物卫生紧急情况声明

动物卫生紧急情况声明一经发布，应急计划旋即启动实施，明确事件地点，采取隔离措施，管控或消除动物卫生紧急情况。根据既定程序，该声明应包括以下内容：
- 声明的生效日期；
- 涉及的地理范围；
- 指定区域内和区域间的流动控制；
- 紧急情况发生原因；
- 应急工作牵头单位。

正式发布动物卫生紧急情况声明后再采取应急行动，有利于推动资源迅速到位，快速筹措资源，包括联合其他政府机构资源进行防控。

3.3.2 启动应急计划

按照平时阶段制定的程序启动应急计划后，将开展应急行动和系列重点工作，包括建立协调和指挥机制、评估形势和实施控制措施。

应急计划启动实施后，应开展以下各类应急行动：

- 开展风险和形势快速评估；
- 启动协调机制；
- 启用应急行动中心；
- 制定和实施事件处理计划；
- 筹措和部署资源；
- 实施重点应急工作。

3.3.2.1 开展风险和形势快速评估

进行初步的风险和形势快速评估，是就紧急情况的认定开展数据收集和分析工作，制定诊断标准，说明紧急情况的影响和可能出现的变化。

除此之外，还应评估现有的应对能力是否充分、当下是否还有其他需求，从而确定能够保障应对措施成效的行动规模。

评估完成后，官员就能掌握紧急情况的范围和影响，预判可能出现的变化，明确目前的应对能力和其他需求，从而决定动物卫生应急行动管理的协调力度和机制。

3.3.2.2 启动协调机制

动物卫生紧急情况的主管部门应根据该国动物卫生紧急情况的影响和可能出现的变化，实施相应的协调机制。如果地方层面就可以妥善处理，则启动一级协调机制即可。但如果涉及面广，影响严重，则可能需要启动地方、省（州）甚至国家层面的协调机制。

例如，澳大利亚的生物安全事件管理体系将生物安全事件的应对措施分为五个级别，生物安全事件就包括动物卫生紧急情况。

对事件情况进行介绍时明确其应对措施级别，有助于指明应对措施所需的管理协调力度，以及所需的财政、实物和人力资源。除了方便单位内部开展工作，也有助于向外部伙伴说明资源需求。分级详情见表 3-1。

在实践中，协调机制也应分级，以便在适宜的级别管理应急行动。根据应对措施分级标准，地方层面可利用当地资源管理一级动物卫生紧急情况。地方层面采取的初步应急措施是所有应急工作的基础，应据此视动物卫生紧急情况的需求扩大应急措施规模。

🔍 案例

动物尸体处理分级措施

图3-3展示的是动物尸体处理分级措施。在本案例中，地方政府官员是第一批抵达现场的工作人员，如果地方政府不具备无害化处理动物尸体的职权或能力，可向州政府请求支援。同样，如果州政府应急能力不足，也可以向联邦政府请求支援。视国家的行政结构情况，协调机制既可以采用结构相对严格的地方到中央的逐级汇报制度，也可以将有关职权下放到区或市一级，与中央政府保持沟通，并拥有一定的自主权，可独立运作。

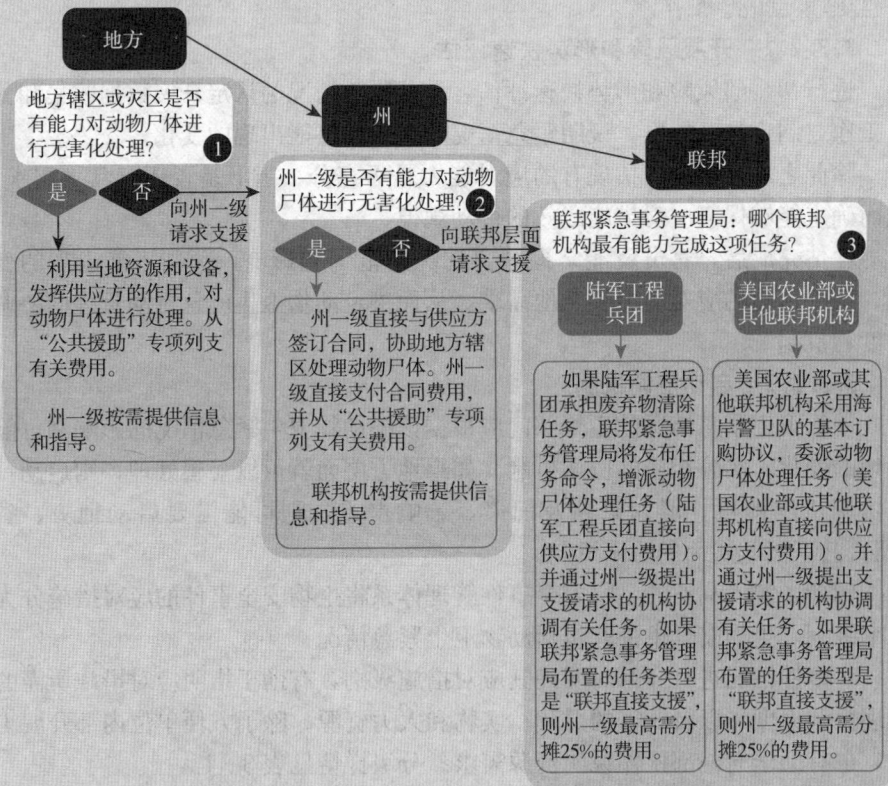

图3-3　动物尸体处理分级措施

资料来源：美国农业部动植物卫生检验局，《斯塔福法》事件中在动物尸体处理情景中采用国家事件管理系统分级应对原则。动物尸体管理网页。2021。https://www.aphis.usda.gov/aphis/our-focus/animalhealth/emergency-management/carcass-management/carcass

表 3-1　澳大利亚动物卫生紧急情况应对措施级别

级别	一级	二级	三级	四级	五级
应对措施实施范围	地方	地方或地区（州内）	州	一个及以上资源匮乏的州	全国，主要是一个及以上资源匮乏的州
资源提供方式	地方，几乎无外部支持	地方，州提供一定支持	州，其他机构或州可能提供支持	州，国家层面提供支持	州，国家和国际层面提供支持
为管理应急措施启用的机构	很少	经指定的地方应急行动中心	一个及以上经指定的地方应急行动中心	州一级的应急行动中心	州一级的应急行动中心
		州一级的协调和支持	州一级的应急行动中心	国家层面的应急行动中心	国家层面的应急行动中心

3.3.2.3　启用应急行动中心

动物卫生应急行动中心（AH-EOC）全面负责动物卫生应急管理工作。如第二章所述，应急行动中心负责管理所有在非事件地点开展的工作，并为应急工作人员收集和协调实地工作资源和需求提供总调度。

理想情况下，应由首席兽医官（或全面负责动物卫生应急工作的同级别人员）决定是否启用应急行动中心，并负责管理中心的工作。此外，首席兽医官办公室不应兼做应急行动中心，以便首席兽医官办公室维持日常业务，并为应急行动中心提供高级别政策指导。

应急行动中心一经启用，将开展以下工作：

- 制定和实施行动目标与工作重点；
- 管理各项行动；
- 跟进情况，传播信息；
- 获取、协调和调配开展行动所需资源；
- 与利益相关方保持联络。

应急行动中心依据事件处理指挥系统管理各项职责，该系统由五个部门组成，详见表 3-2。

表 3-2　应急行动中心部门设置

事件指挥部门	全面负责管理应急行动中心和各项行动。 为化解动物卫生紧急情况制定目标和工作重点。
执行部门	为实现事件指挥部门制定的目标，对相关行动进行管理。

（续）

规划部门	负责规划应对行动。 收集、整理、分析和传播动物卫生紧急情况信息。 对各项行动的资源需求进行规划和监测。
后勤部门	提供后勤支持，获取各项行动所需资源和服务，包括采购、人力资源、实物资源、运输和通信设备。建成应急行动中心，保障应急工作需求。
财务和行政部门	管理动物卫生应急工作的财务和行政事务，如为紧急阶段保障资金，管理外包服务合同等。

图 3-4 和表 3-2 展示了应急行动中心的事件处理指挥系统和部门设置的典型架构。应急行动中心启用程序和各部门职责详见附录二。

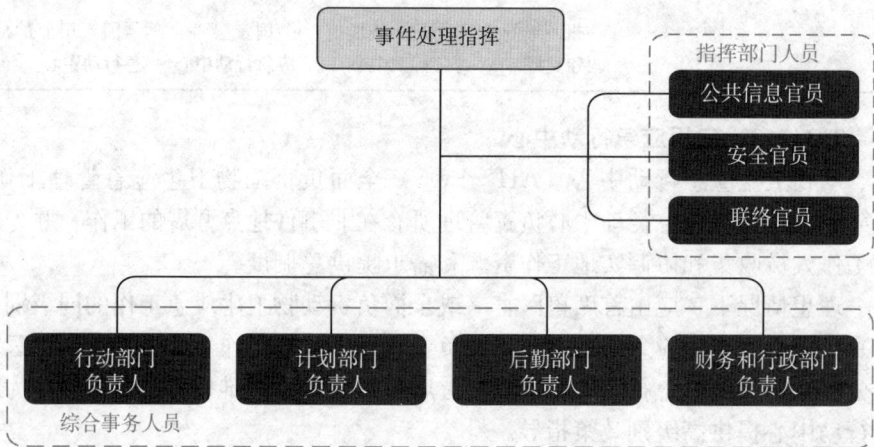

图 3-4　应急行动中心的事件处理指挥系统

资料来源：美国国土安全部，2008。国家事件管理系统。https：//www.fema.gov/pdf/emergency/nims/NIMS_core.pdf

3.3.2.4　制定实施事件处理计划

应急行动中心计划部门负责制定事件处理计划（IAP），对应急行动进行管理。

应根据动物卫生紧急情况的变化及时更新和发布事件处理计划。计划内容一般包括对现状的总体介绍、现行措施和实施方法，具体包括：

• 现状（已经发生的情况）；
• 事件目标和工作重点（有哪些目标？）；
• 应对战略（工作重点和实现目标的一般方法）；
• 应对策略（行动部门为实现目标制定的具体方法）；
• 达成各行动阶段目标的必备资源；

- 落实相关应对战略和策略所必需的行动安排；
- 总体支持，包括后勤、计划、财务和行政部门的支持；
- 健康和安全计划（防止应急人员受伤或生病，提供心理建设支持）。

　　事件处理计划模板见附录一。

　　事件处理计划制定是一个循环往复的过程，各行动阶段都要落实计划制定步骤。行动阶段指的是落实既定目标的一段时期，并与动物卫生紧急情况的发展相适应。在动物卫生紧急情况的早期阶段，可能需要以 24 个小时为间隔更新和发布事件处理计划。随着事态不断发展，应急工作进入常态化，一个行动阶段可长达数天。

　　事件处理计划的制定和批准遵循计划制定工作的 P 形图（图 3 - 5）。P 形图展示了各行动阶段制定事件处理计划的流程步骤。

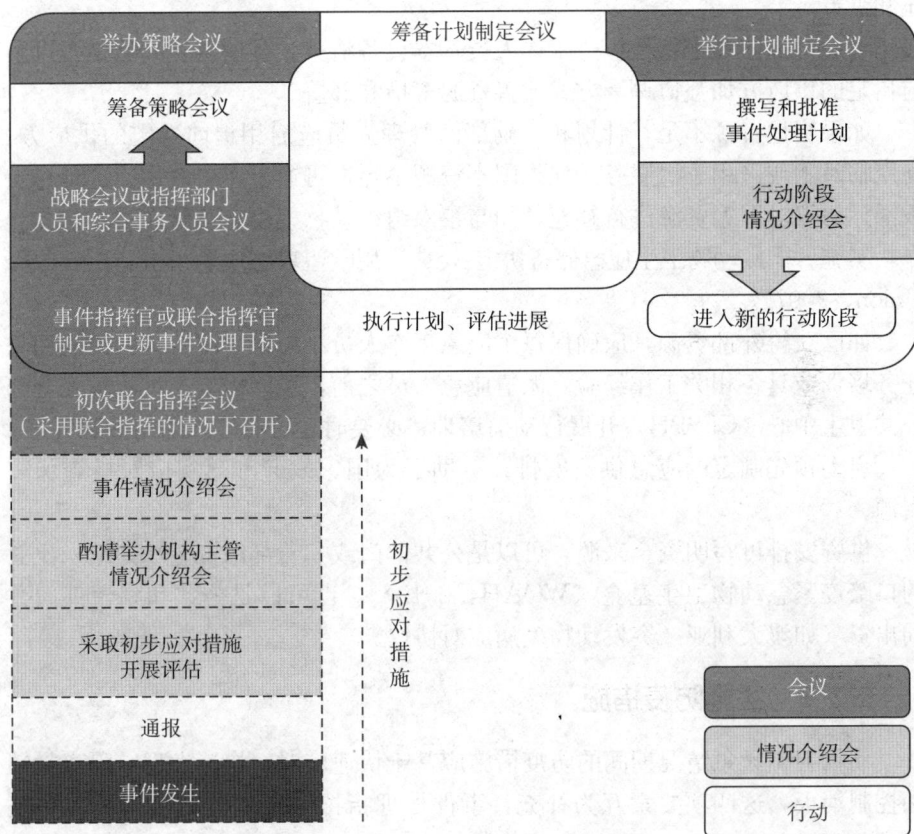

图 3 - 5　计划制定工作的 P 形图

　　资料来源：美国联邦紧急事务管理局，2018. 事件处理计划制定流程的 P 形图。中级事件处理指挥系统 ICS - 300。https：//www. fema. gov/sites/default/files/documents/fema _ incident - action - planning - process. pdf

事件处理计划的制定流程有以下步骤：

（1）了解情况；

（2）设立事件处理目标；

（3）制定事件处理计划；

（4）撰写和发布事件处理计划；

（5）执行、评价和修改事件处理计划。

事件处理计划的格式和内容还能够为情况介绍会的组织提供实用参考。

3.3.2.5 筹措和部署资源

开展动物卫生应急行动管理的人员和设备等必备资源的筹措、发放和部署应协调一致。应急行动中心的后勤部门负责筹措和部署资源，应实施制度和程序，对有关资源进行订购、获取、筹措、跟踪、报告、回收、遣散、报销、补充和盘点。

可通过提前制定首批应急工作人员基本设备清单、提前部署战略物资以及与指定的供应方加强协调等方式改善资源筹措和部署。

如果当地资源不足，计划和后勤部门管理人员应启用提前选定的供应方，雇用临时工或采用志愿服务。如果国家资源不足，可通过实施双边谅解备忘录或国际协议对国家资源进行补充，如与粮农组织动物卫生应急管理中心建立合作，实施《国际动物卫生应急储备协定》，或启用欧盟兽医应急小组（European Union，2007）。

如已获得外部资源，应确保每个应急工作人员小组至少有一人已完成相关任务培训或具备相关工作经验。派遣应急人员之前，可能需要通过粮食安全和公共卫生中心（CFSPH）开展行动前培训，必要时还可将培训纳入报到程序。

启动预先制定的应急供资安排，有助于为国家发起和落实应对措施保障资源。

供资安排可写明资金来源，可以是公共部门或私营部门资金［如纳米比亚的口蹄疫紧急动物卫生基金（WOAH，2019）］，也可以是公共和私营部门共同出资（如澳大利亚《突发动物疫病应对协议》）。

3.3.3 实施防疫措施

动物卫生紧急情况期间的防疫措施应基于快速应对、快速发现、隔离封锁和控制消灭，这四项要素互为补充，事件处理指挥官负责监督落实相关防疫行动。

3.3.3.1 快速发现

动物卫生紧急情况发生后的 72 小时是发现、封锁和控制疫情最关键的时期。

案例

防疫措施的主要支柱

快速应对
迅速采取应对措施，减少负面影响。

快速发现	隔离封锁	控制消灭
开展疫病调查和追溯，确定疫情水平。	实施流动控制和战略性隔离，阻断疫情传播。	对染疫和易感染的动物进行销毁和净化。

资料来源：粮农组织，2022。

因此，初步目标应是明确病原体和染疫或高危动物。应针对主要管控区的高风险地区和种群开展疫病调查和追溯工作，如对染疫动物、暴露动物、被污染动物产品和病媒进行跟踪溯源，明确传染源，遏制疫情传播。

为尽早采取应对行动，应通过监测、临床观察、诊断检测和追溯工作掌握各疫点和疫区的感染情况、涉疫地点的数量和风险因素。

3.3.3.2 隔离封锁

封锁措施旨在控制动物、动物产品、车辆和人员进出疫区和在疫区内的流动情况，具体措施一般包括区域化、生物安全、隔离和流动控制。

a. 区域化

应按照世界动物卫生组织《陆生动物卫生法典》第4.4章关于区域化的定义来划定区域，区域类型和简要定义见表3-3。

区域划分的主要考虑因素包括疫病类型，传播潜力，地理特征，以及涉疫地区的商品流动和商业情况。

如图3-6所示，典型的区域化策略是以染疫区为圆心，间隔一定距离向外延伸，划定两个或以上区域。

表3-3 世界动物卫生组织《陆生动物卫生法典》——区域化管理与生物安全隔离区

染疫区	染疫区是指已确诊疫病感染或侵染的地区，通常包含疫点周边地区。
隔离区	所有与流行病学相关的疑似或确诊病例都在隔离区内，并采取流动控制、生物安全和卫生措施，防止疫情扩散，消除疫情风险。
保护区	保护区内实施特定生物安全和卫生措施，防止疫情传入无疫国或无疫区。
无疫区	无疫区是经证明不存在染疫动物种群的地区。

完成首次调查和风险评估之后，应对相关地点进行分类，这有利于推动疫病调查和追溯工作，保障防疫措施得到充分落实。随着动物卫生紧急情况的演

35

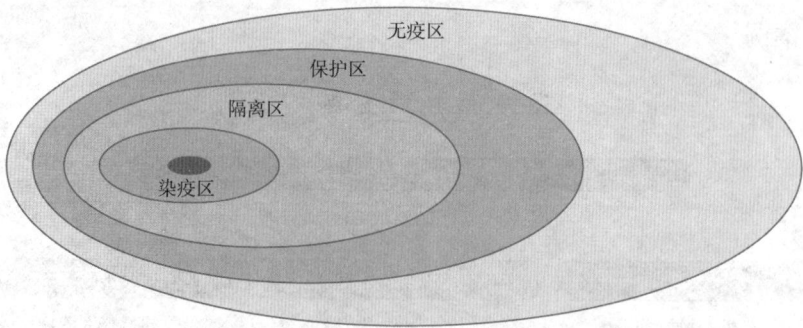

图 3-6　动物卫生紧急情况区域化策略
资料来源：粮农组织，2022。

变，如诊断标准调整，调查不断深入，或是应急行动顺利完成等，分类结果还
会发生变化。

　　应注意的是，虽然要遵循世界动物卫生组织《陆生动物卫生法典》中的区
域化原则，部分国家也可能使用其他名称。图 3-7 为美国某次口蹄疫疫情采
取的区域化措施。

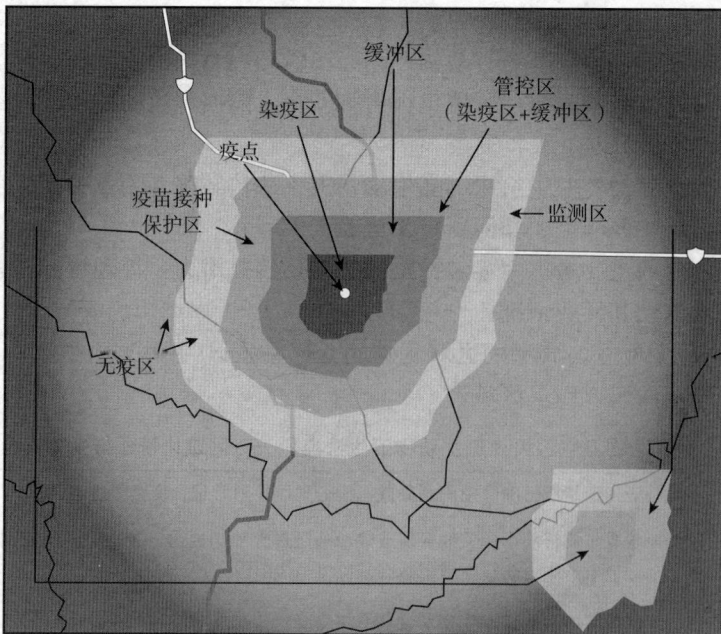

图 3-7　美国口蹄疫防控区域化措施

资料来源：美国农业部，2020。美国农业部《海外动物疫病预防和应急规划（FAD PReP）》
下的口蹄疫防控计划红皮书。https：//www. aphis. usda. gov/animal _ health/emergency _ man-
agement/downloads/ fmd _ responseplan. pdf

b. 生物安全

生物安全措施通常被称为生物隔离措施，旨在防止疫病从疫点扩散；生物排斥措施则是用于防止病原体感染未染疫种群，两者有所不同。动物卫生紧急情况发生期间，应对进出保护区、隔离区和染疫区的人员和物资采取这两项措施。是否采取生物安全措施取决于染疫区、隔离区、保护区和无疫区主动监测的结果，各区域的设立时长则取决于疫苗接种、扑杀数量和尸体处置情况。

但无论如何，必须在落实应对措施和防止疫情扩散之间取得平衡。实地应急工作人员应按照标准操作程序执行生物安全措施①，如有必要可以通过粮食安全和公共卫生中心开展行动前培训。

c. 隔离和流动控制

隔离和流动控制对于迅速控制动物卫生紧急情况至关重要。兽医部门应在疫情发现初期的警戒阶段，或发现新疫点的紧急阶段时，就根据现行法律，尽快向疫点所有者发出隔离令。这样一来，实地工作小组就能在启动防疫措施之前控制疫点，采取生物安全措施。应于平时阶段制定完善隔离和流动控制的标准操作程序。

设立检查站有利于加强流动控制，防止发生高风险流动，降低疫情传播风险，需要交通部门、执法部门、地方政府、产业界和全社会的共同参与。

控制流动的同时，也必须以人道方式对待动物（如饲料运送），应维持与非疫区之间的商业往来，可以为相关情况做出特殊安排，如发放动物卫生紧急情况通行许可证。

美国农业部《海外动物疫病预防和应急规划》（FAD PReP）下的《流动许可手册》提供了相关信息和指导（USDA，2017）。

3.3.3.3　控制消灭

美国就控制和消除畜禽动物卫生紧急情况提出五个策略（USDA，2016），具体应用和组合方式见表3-4。

表3-4　口蹄疫应急策略

名称	定义
扑杀（不进行紧急免疫接种）	扑杀临床染疫和易感染的动物。
扑杀（紧急免疫接种后屠宰）	扑杀临床染疫和易感染的动物，为高危动物接种疫苗后屠宰。
扑杀（紧急免疫接种后不屠宰）	扑杀临床染疫和易感染的动物，为高危动物接种疫苗后不屠宰。

---

① 关于生物隔离和生物排斥措施和流程的详细信息参见：https：// www.cfsph.iastate.edu/pdf/fad - prep - nahems - guidelines - biosecurity

（续）

名称	定义
扑杀（紧急免疫接种后屠宰＋紧急免疫接种后不屠宰）	结合紧急免疫接种后屠宰和紧急免疫接种后不屠宰两种做法。
免疫接种后不屠宰（不扑杀）	为动物接种疫苗，不扑杀染疫动物，接种后不屠宰。
不采取直接行动（不扑杀，不接种）	染疫群体病程自然发展，可采取隔离和流动控制、生物安全、清洁和消毒等措施，控制疫情传播。

为妥善实施应对策略，应采取一些重要措施，例如，完成畜群估值后，对染疫和暴露动物进行人道扑杀，扑杀过程应尽可能安全、快速、高效，并充分考虑动物福利。

在进行初步快速评估时，也应评估动物福利情况，用于调整应对措施。实地工作小组应具备管理疫情相关和防疫措施落实过程中出现的动物福利问题的能力，包括供应饲料和水、人道运输、人道扑杀和尸体处置。所有应急工作人员都应接受相关培训，在紧急情况下也要遵守动物福利现行规定。世界动物卫生组织制定了关于动物福利的灾害和风险管理指南（WOAH，2016）。

妥善处理动物尸体，以及垫料、粪污、废弃物等材料，有利于预防或减少病原体传播，控制和根除动物疫病。应根据病原体特点、场所、温度等因素，选择合适的净化方法，要用最具成本效益的方式消灭病毒（Miller 等，2020）。

有些情况下，可用紧急疫苗接种取代扑杀，这取决于国家法律框架、疫病类型和下列因素：
• 经济效益；
• 疫苗适用性；
• 农场经营性质；
• 涉疫物种；
• 疫病暴发的范围和预计持续时间；
• 可用的资源（财政或其他资源）；
• 群众接受度。

3.3.4 报告和通报义务

3.3.4.1 报告

在紧急阶段，向兽医部门及时报告疑似病例是高效应对疫情的关键。为做好报告工作，兽医部门须按照法律规定，通过指挥系统做到以下几点：
• 与实地兽医人员保持沟通，确保充分报告疑似病例；
• 通过适当的媒体渠道介绍疫病临床症状，以及平时阶段制定的报告流程，并向生产者协会提供有关信息。

为了让人们能及时跟进紧急阶段的疫情状况，应急工作人员须加强协作，定期及时报告任务进展和新情况。为全体应急工作人员和管理人员制定的行动计划中，须规定报告时间、报告频率等具体要求。情况报告的内容是报告阶段的情况，不应因其他任务或事件尚未完结而延后提交。

第二章详述了情况介绍会和汇报的相关内容，在紧急阶段，报告内容应包括以下几点：

- 应对行动的总目标和行动目标；
- 目前采用的防疫策略；
- 相关安全和健康问题；
- 各利益相关方在应急行动中发挥的作用；
- 报告关系和报告要求。

3.3.4.2 情况报告

情况报告（SitRep）主要用于介绍应急行动进展情况，供各级应急机构传阅。每个行动阶段应起草分发至少一份情况报告，为制定相关事件处理计划提供重要参考。情况报告示例见附录一。

3.3.4.3 通报

国家兽医部门应于平时阶段制定通报程序，确保快速、透明地报告疑似病例，并据此适时向国际组织、区域组织和邻国通报疫情。可根据疫病传入邻国的风险程度，决定是否召开跨境会议。根据世界动物卫生组织《陆生动物卫生法典》，发生以下情况时，世界动物卫生组织成员有义务立即（24小时内）向国际组织通报疫情，如世界动物卫生组织的世界动物卫生信息系统，以及粮农组织的跨境动植物病虫害紧急预防系统：

- 某个国家、地区或生物安全隔离区内首次出现法定通报疫病；
- 某个国家、地区或生物安全隔离区宣布已根除某种法定通报疫病后再次出现这种疫病；
- 某个国家、地区或生物安全隔离区内首次出现法定通报疫病的新型病原体；
- 某个国家、地区或生物安全隔离区宣布已根除某种法定通报疫病病原体后再次出现这种疫病；
- 某个国家、地区或生物安全隔离区内法定通报疫病病原体的分布、致病力或发病率突然出现意外变化；
- 在不常见的宿主物种中发生某种法定通报疫病。

除此之外：

- 通报疫情后，需每周报告疫情状况，直到法定通报疫病被根除，或情况已十分稳定，届时每六个月报告一次即可视为履行成员的报告义务，且应为每项通报疫病提交最终报告；
- 每六个月提交一次的报告应说明法定通报疫病是否存在、如何变化，向其他成员提供重要的流行病学信息（WOAH，2021）；
- 年度报告应向其他成员提供其他重要信息（WOAH，2021）。

在区域层面，成员也可能有义务向区域组织报告，如非洲联盟的非洲动物资源局、欧洲联盟和东南亚国家联盟。

在国际层面，早通报有利于在必要时早获得国际援助和实现联防联控。

3.3.5 保障应急工作人员的安全和健康

很多动物卫生紧急情况是由人畜共患病引起的，应急工作人员开展应急行动时可能会被感染。因此在制定具体的防控和生物安全措施时，必须考虑到这一点。此外，需要建立防控机制，用于判定应采取哪些可行且有效的防控对策来保护应急工作人员（CDC，2017）。

各级应急工作人员都应接受培训，学习如何尽可能降低污染风险。参与追溯、监测和净化等疫病根除工作的人员可能会被要求接种相应疫苗，或服用预防性药物。

美国农业部《海外动物疫病预防和应急规划》（FAD PReP）下的《国家动物卫生应急管理系统（NAHEMS）指南》为应急工作人员提供健康和安全指导，概述了其在执行应急任务时可能遇到的危险（USDA，2018）。

3.3.6 应急工作期间的监测和评估工作

开展监测和评估工作有助于应急管理系统检查干预措施的进展情况，了解新风险和新挑战，及时调整应对措施。为此，需要为应急行动管理设计适宜的监测和评估系统，提出恰当的目标和指标。监测应对行动的关键进展指标并加以分析，有利于防控措施的不断调整优化（GEMP，2021）。应急行动管理监测指标举例如下。

🔍 案例

动物卫生应急行动监测指标

- 阳性与阴性报告比例；
- 从收到病例报告到完成扑杀工作之间的天数；
- 从完成扑杀到完成尸体处置之间的天数；
- 从完成尸体处置到完成清洁和消毒之间的天数；
- 某个阶段与前一阶段病例数（如暴发地点）的对比；

- 免疫接种动物数量；
- 检查站数量。

监测和评估工作的常用工具是汇报（动物卫生紧急情况期间和结束时）和开展行动后审查。

在动物卫生紧急情况的紧急阶段，应定期进行汇报，汇报时间节点包括各项任务结束、每日工作结束、一批行动任务完成以及紧急阶段结束时。

紧急阶段结束后，工作人员进行反思回顾，应于此时尽快开展行动后审查。

粮农组织《动物卫生紧急情况行动后审查指南》[①] 为如何规划、筹备、开展和报告行动后审查工作提供了指导。

3.3.7 退出应急行动和终止应急机制

3.3.7.1 退出应急行动

发生下列情况时应退出应急行动：

- 调查结果和警戒阶段未能认定突发动物疫病的存在；
- 突发动物疫病已被根除或得到控制；
- 疫病根除措施失败，或是被视为不可行、不具成本效益或无益处，且声明该疫病已定殖。

隔离、防控和根除行动终止后，应继续监测疫病，以便及时发现复发情况和证明无疫状态。

退出应急行动时，还可开展以下工作：

- 回收、报废和处置存货和设备；
- 进行事件后盘点，按需补充或翻新设备；
- 整理文件（收集成本、决策等相关文件，并进行归档）；
- 所有材料妥善记录归档；
- 开展事件后审查和汇报；
- 持续开展疫病知识专题科普宣传，有助于提高公众对疫病的了解，如有复发病例或新病例可以及时报告。

3.3.7.2 终止应急机制

动物卫生应急行动管理不再需要的资源应尽早遣散，快速返还常规职能部门。有些机构可能会解散，而有些机构将继续运转。终止应急机制后，可按照以下流程开展遣散工作：

---

① 本书编写之时，粮农组织《动物卫生紧急情况行动后审查指南》编制工作已进入尾声，本书定稿前应已出版。

- 根据具体事件确定遣散工作重点；
- 确定组织结构和职责分配，实地事件处理指挥官应在启动遣散流程之前，批准发放或返还应急资源；
- 向公众、利益相关方和媒体发布公告，说明情况。

3.3.8　采取初步恢复措施

　　如《良好应急管理实践》手册所述，动物卫生紧急情况的恢复措施应在紧急阶段开始实施，一直持续到重建阶段结束。恢复措施通常比紧急阶段措施持续时间更长，成本也更高。采取恢复措施是为了帮助受疫情影响的人员、社区和部门恢复常态，应尽早落实至少以下几点：

- 为受影响的养殖户提供农业咨询服务，提供申请财政援助、重建、补充装备、补栏等方面建议；
- 持续进行监测，酌情提供"无疫证明"；
- 酌情对废弃物处置点进行监督；
- 根据动物卫生紧急情况的规模和影响，监督社区恢复情况。

　　《良好应急管理实践》手册就恢复措施提出进一步指导意见，《畜牧业应急准则与标准》手册则提供了恢复阶段的实用决策支持工具。

附　　录

附录一　模板与示例

附录一包含了本手册提及的清单、模板与示例，可用于协助动物卫生应急行动管理工作。具体包括：

清单

- 应急行动中心设备与物资
- SMEACS - Q 介绍情况法

模板

- 应急行动中心任务列表
- 事件处理计划
- 应急资金需求表

示例

- 动物卫生紧急情况声明
- 标准操作程序

应急行动中心设备与物资清单

本清单仅列出应急行动中心的常用物资，并非全面清单。

品名	
台式机或笔记本电脑（带键盘、鼠标、显示器等外围设备）	☐
无线网或移动热点	☐
电视机（越多越好，用于显示地方网络、地图、信息等）	☐

（续）

品名	
电话机（座机或移动电话，供各小组及以上级别员工使用）	☐
打印机（彩色打印机、黑白打印机和地图绘图仪）及耗材	☐
白板和马克笔，或黑板和粉笔	☐
一般办公用品（钢笔、铅笔、笔记本、便利贴、订书机、回形针、文件夹、活页夹、透明文件夹等）	☐
麦克风和扩音系统（用于情况介绍会）	☐
发电机和燃料（以防无电源供应或电源不稳定）	☐
员工急救箱	☐
餐饮服务用品	☐
餐饮用具和厨具	☐
冰箱或冰柜	☐
清洁和厕所设施用品	☐
瓶装水或净水设备	☐

SMEACS - Q 介绍情况法清单

运用 SMEACS - Q 介绍情况时，应说明以下内容：

- S＝情况　我们正面临什么情况？可能会发生什么情况？需要注意哪些问题？概述事件情况，总结已部署的资源、预期天气和已知风险。

- M＝任务　结合应对措施的具体目标，说明要取得什么结果，以及为什么要取得这些结果（参与行动的实地团队会把这一点理解为"如何"使用标准操作程序、政策、动态风险评估和安全协议）。

- E＝执行　按照事件处理计划，事件处理管理人员和管理团队采用的战略和策略。何时、何地由哪些人员启动行动？事件信息的获取、应急计划、情况介绍会后需立即执行的任务（团队负责人根据标准操作程序、政策和上述具体目标决定实地团队应开展的行动）。

- A＝行政与后勤　正在采购或收购哪些需要分发的资源。为相关任务安排人手和提供物资支持。

（续）

- C=指挥与通信 向谁汇报工作？指挥系统是怎样的？通信计划是什么？联系电话和无线电频道是多少？
- S=安全 指出行动期间存在哪些已知或潜在的危害和风险。个人防护设备（PPE）、天气、饮用水和急救。
- Q=问题 情况介绍会结束前安排问题环节，进一步说明情况，明确细节问题，促进全面理解。此环节不进行讨论。

应急行动中心任务列表模板

事件处理指挥

职务	姓名	工作单位	联系方式

行动

职务	姓名	工作单位	联系方式

计划

职务	姓名	工作单位	联系方式

后勤

职务	姓名	工作单位	联系方式

（续）

财务和行政			
职务	姓名	工作单位	联系方式

资料来源：美国外国灾害援助办公室（OFDA）。

事件处理计划模板

应急行动中心名称：

事件名称：

行动时间

起始时间（日期和时间）：

结束时间（日期和时间）：

制表：	审批：
制表日期和时间：	审批日期和时间：

高级管理人员重点工作

1.

2.

3.

事件处理总目标	应急行动中心目标
1.	1.
2.	2.
3.	3.
4.	4.

附件（勾选适用项）

□ 机构任务列表	□ 其他
□ 会议安排	□ 其他
□ 通讯录	□ 其他
□ 疫情地图	□ 其他

（续）

管理部门任务	责任人：
行动部门任务	责任人：
计划部门任务	责任人：
后勤部门任务	责任人：
财务和行政部门任务	责任人：

应急资金需求表模板

资金需求		
行动时间	起始日期：	结束日期：

项目	数量	预计成本
食宿安排		
宾馆或其他		
伙食		
通信		
电信		
其他（如无线电）		
宣传		
服务供应		
机械租赁等		

（续）

项目	数量	预计成本
控制中心		
电信		
用电		
安保		
场地租赁		
展板		
白板		
地图		
应急物资		
消毒剂		
动物销毁设备		
防护服		
塑料容器（如容量为 50 升的塑料容器，可用于设备运输，也可用作便携式足浴盆）		
塑料硬毛刷		
地面防水油布		
帐篷（便携式换衣间）		
盛水容器（如容量为 20 升的水箱）		
桶		
塑料背包（如容量为 15 升的塑料背包，用于净化）		
交通		
机票		
公车票		
租车		
船费		
其他		

资料来源：联合国减少灾害风险办公室（UNDRR），2009。农业应急计划模板。https://www.preventionweb.net/files/27076 _ cookislandsanimalhealthemergencyres.doc

动物卫生紧急情况声明示例

枢密令

安大略行政局

经下方签署人提议、行政局建议和同意，
省督下令：

经下方签署人提议、行政局建议和同意，
省督下令：（法语版）

经下方签署人提议、行政局建议和同意，省督下令：

根据《应急管理法》（1990年修订版第 c.E9 章）第 6 条第 1 款规定，发生任何紧急情况，导致各部持续运转和提供服务受到影响时，各部部长均应负责制定应急计划。

除此之外，下列部长应就各自负责的紧急情况制定应急计划。

部长	紧急情况类型
农业、食品和农村事务部长	家畜疫病、食品污染、农业植物病虫害。
司法部长	任何与司法工作相关的紧急情况，如法院运行，紧急情况下向政府提供法律服务。
社区与社会服务部长	任何需要应急避难所、衣物、食物、灾民登记和问询服务及个人服务的紧急情况。

编号 1492/2005

标准操作程序示例

国家标准操作程序

标题：突发动物疫病的实验室检测样本采集

版本：1.0

制表单位：突发动物疫病分委会

审批单位：动物卫生委员会

	版本	审批日期	意见
修订记录	1.0	2011 年 5 月 2 日	动物卫生委员会批准

国家标准操作程序有助于全国统一行动，为应急行动人员提供指导。

1. **目的**
   - 行动中心采样小组负责采集突发动物疫病样本，用于实验室检测，本文件为其制定样本采集程序。应结合地方标准操作程序和具体疫病防控策略手册使用该国家标准操作程序。
   注：采取应对行动期间，行动中心需与指定实验室合作，针对具体疫病制定采样方案。

2. **应用范围**
   - 行动中心和实验室有关人员应根据该国家标准操作程序，针对具体疫病制定采样方案；
   - 采样方案的内容包括样品的选取、采集和运输，检测重点，以及检测结果的发布；
   - 除了遵循该国家标准操作程序，行动中心还应确保：
     - 样本采集、包装和运输符合地方和具体疫病的"样品保管链"要求；
     - 样本包装符合相关运输规定；
     - 国家协调中心已为应对工作指定检测实验室；
     - 尽可能为实验室提供最优质样本；
     - 遵守相关运输规定。
   - 《澳大利亚兽医应急计划》中的疫病策略介绍了具体诊断样本和采样方法，用于分离某些疑似病原体；
   - 《澳大利亚兽医应急计划》中的疫病策略说明了监测和无疫证明所需样本，以及疫情暴发后的采样水平。

3. **资源设备**
   - 明确规定每次离开行动中心开展实地工作需到访场所的数量和状态；
   - 采样方案，如拟采集组织、每个种群的样本数量；
   - 合适的取样设备（参照附件 A 中的采样盒清单）；
   - 所有者（经理）和畜禽详细信息，包括每个场所内的相关数量和位置。

资料来源：澳大利亚动物卫生公司（AHA），2011。

附录二 应急行动中心成立指南

附录二为如何成立、组织和运行动物卫生应急行动中心提供指导意见，虽不求详尽，但仍可为应急行动中心的成立、人员配备和运行提供指南，促进动物卫生应急行动管理。

本附录借鉴了美国外国灾害援助办公室意见、《应急行动中心快速启用指南》和《澳大利亚兽医应急计划》的《控制中心管理手册》，包含以下内容：

- 应急行动中心选址考虑因素；
- 应急行动中心布局；
- 应急行动中心成立初期工作；
- 应急行动中心岗位设置与人员配备；
- 应急行动中心关键岗位职责清单。

1. 应急行动中心选址考虑因素

下文列举了应急行动中心选址的考虑因素，以便管理动物卫生应急行动。

基本考虑因素

应急行动中心是动物卫生应急行动管理的枢纽机构，可能需要长时间运行，必须一开始就打牢根基，能够满足不断变化的应急需求。

应急行动中心应尽早建立，选址需满足以下条件：

- 往返应急行动地点的时长合理；
- 位于低风险地区，最好与疫点保持安全距离；
- 与住宿地点、交通设施、餐饮清洁等服务供应方距离较近或较方便。

应急行动中心的选址可以是：

- 现有政府大楼；
- 其他机构的应急行动中心；
- 社区大厅；
- 废弃商业楼宇，如工厂、仓库或汽车销售广场。

一般考虑因素

除上述因素外，应急行动中心的选址还应考虑对周边社区和企业的影响，因为大量人员出入可能会扰乱社区正常秩序。

应急行动中心的规模必须足以容纳在此工作、访问和经过的人员，同时需要预留工作区、餐饮区、会议区和设备与耗材储存区。

下一节将介绍应急行动中心布局的考虑因素。

2. 应急行动中心布局

应急行动中心的规模和布局取决于多项因素。多数情况下，规模可能会受到空间限制，工作人员需发挥创意，提高布局实用性，改善动线设计。

设计应急行动中心的规模时，一般应考虑下列因素：

• 为派遣至应急行动中心的人员提供充足的工作空间；

• 情况介绍会、会议、媒体和访客使用的空间；

• 用餐和休息的空间；

• 停车用地；

• 为满足应急行动中心设备需求提供充足空间；

• 业务工作所用空间，包括存放设备、耗材和危险材料（如有需要）。

确定选址和可用空间后，就可以考虑如何布局，相关因素包括：

• 人员和场地限制因素；

• 所有应急行动中心均应配备一间中央行动室作为"控制中心"。中央行动室需占据较大面积，用于推动协调、沟通、资源管理和决策工作。

• 支持业务工作的其他场地包括：

– 高级别工作人员专用办公室或工作区；

– 用于情况介绍、汇报、会议、培训和其他用途的会议室；

– 用于举办新闻发布会和接待访客（主要业务区域外）的安全空间；

– 通信设备室（无线电通信室）；

– 厨房、茶水间、休息室、卫生间和淋浴间等供工作人员使用的独立空间。

应急行动中心不一定能满足上述全部空间需求，某些情况下只需一间配备有会议桌的房间即可。以下是有关应急行动中心布局的建议。

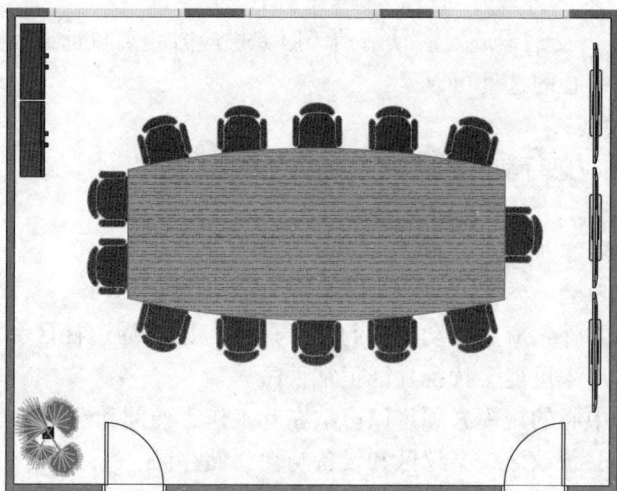

会议室布局案例

资料来源：粮农组织，2022。

会议室

在会议室布局下，工作人员围坐于桌前，有利于实现密切协作。一般而言，可用空间较小时可采用会议室布局，而且所需设备较少。

该布局可方便高级别人员会面议事。

若采用该布局，还需为动物卫生应急行动管理的工作人员和工作站提供必要空间。

国家减少灾害风险和管理委员会（NDRRMC）行动中心，菲律宾马尼拉

资料来源：国家减少灾害风险和管理委员会脸书页面。www.facebook. com/NDRRMC

情况室

应急行动中心应专门预留空间用作情况室，工作人员面向大屏幕按排就坐或呈半圆形围坐。情况室（有时称作行动室）直观展示当前信息，对技术要求较高。工作人员主要通过事件管理软件进行交流。

该布局适用于执行技术性任务，但工作人员之间的协作与互动可能受限，而且是成本最高的布局方式之一。

将大学阶梯教室用作情况室可以节省成本，布局类似，所需大部分设备均可另行采购，并于应急工作期间安装使用。

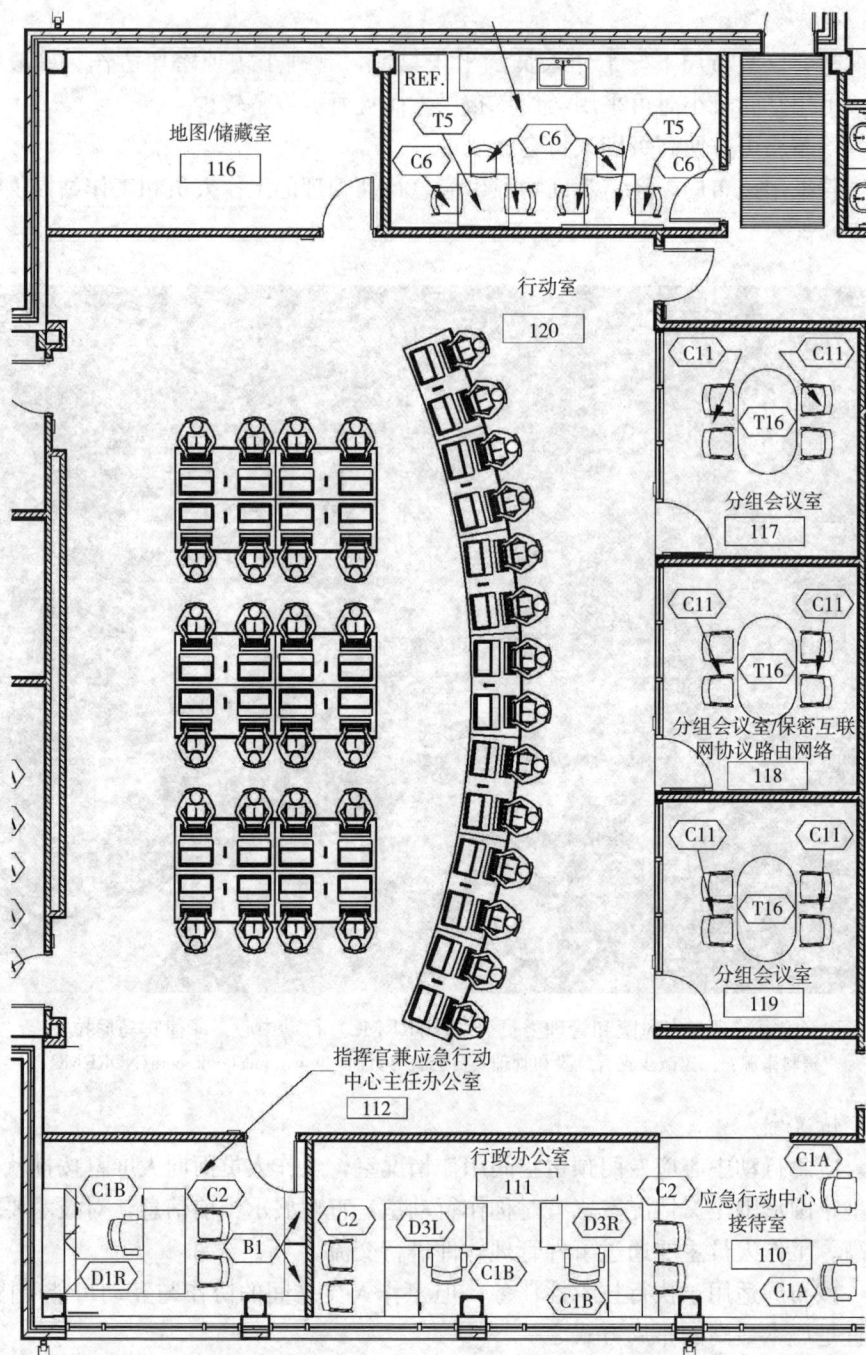

大型基地分区布局案例——查尔斯顿空军基地

资料来源：Americon 公司技术中心。https：//www.workstations - usa.com/Flip - Screen - Furniture.htm

分区布局

在分区布局中，工作人员分属不同职能小组（例如群组、机构或应急行动中心管理职能），各小组之间密切协作、灵活互动，每个小组都有较高的自主权。

各小组相互走动，协作配合。在应急行动中心工作人员数量较多且空间充足的情况下，分区布局非常实用。

3. 应急行动中心成立初期工作

为促进动物卫生应急行动管理，后勤部门通常负责应急行动中心的选址和建设，并任命专职设施经理，负责推动应急行动中心的高效务实运行。

设施经理需承担的任务包括：

- 与事件处理指挥官和各部门负责人会见，明确当前形势和应急行动中心的重点工作、应对措施预期方向、现有资源和预期资源需求、应急行动中心和实地工作人员的沟通需求。
- 确定设立应急行动中心所需的工作人员。
- 获取应急行动中心所需的设备和物资。
- 明确并落实安保需求，保障应急行动中心及工作人员的安全和健康。
- 制定并分发组织结构图和人员配备计划，为应急行动中心各部门分配工作区域。

应急行动中心人员派遣完毕并陆续抵达后，后勤部门工作人员应为其介绍当前形势、应急行动中心概况、工作场地以及预期成果。

4. 应急行动中心岗位设置与人员配备

应急行动中心的组织结构应反映事件处理指挥系统的组织结构，如下图所示。

应急行动中心事件处理指挥官负责监督中心工作人员和活动，并向上级部门汇报。

事件处理指挥官负责确定动物卫生应急行动的范围和应急行动中心的人员配备情况。与此同时，事件处理指挥官也应负责应急行动中心与外部机构的协调，包括上级部门以及知晓中心工作内容的各方。

部分职位独立于事件处理指挥部门，并直接向事件处理指挥官报告。建议指挥部门设置以下岗位：

- 公共事务（信息）官员，负责按需协调所有媒体发布和新闻发布活动；
- 安保官员，负责维护应急行动中心设施，避免设施对人员安全构成威胁，把控外部威胁，保证应急行动中心各项工作安全开展；
- 联络官员，负责对接其他应急组织，协助事件处理指挥官开展工作。

事件处理指挥官负责监督应急行动中心的四个部门，即行动、计划、后

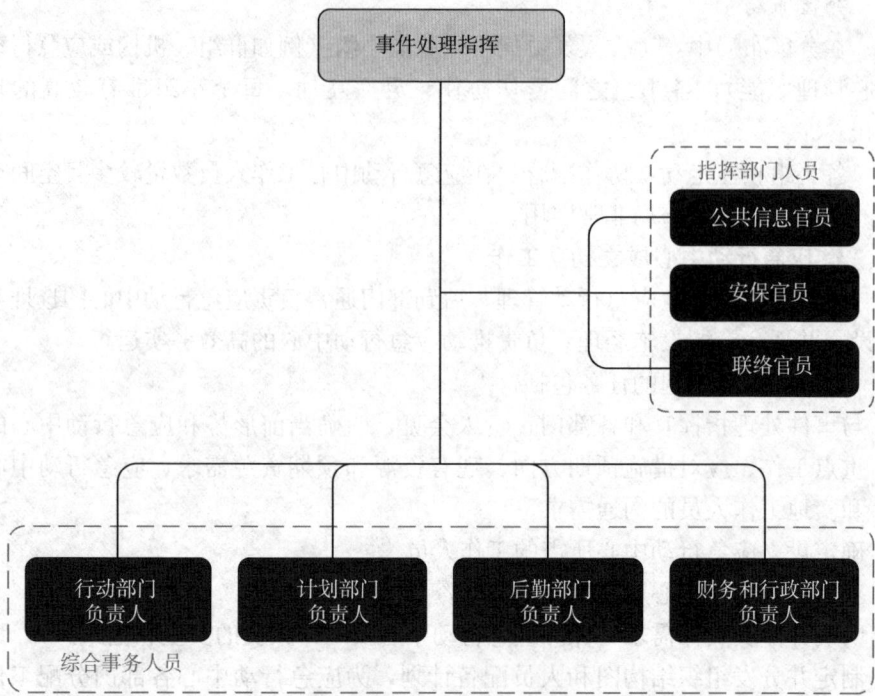

应急行动中心组织结构和岗位

资料来源：美国联邦紧急事务管理局《国家事件管理系统》，第 3 版，2017。第 25 页。
https：//www.fema.gov/sites/default/ files/2020 - 07/fema _ nims _ doctrine - 2017.pdf

勤、财务和行政。

- 行动部门由行动部门负责人牵头，负责协调应急工作具体要求和需求。行动部门根据动物卫生紧急情况的具体需求设置职能，例如销毁、处置和净化处，疫点行动处，流动控制处，兽医调查处。
- 计划部门由计划部门负责人牵头，负责提供用于跟进资源状况的各类信息产品和撰写情况报告，也负责收集、整理、分析和传播应急行动中心各部门信息。计划部门职能处室包括情况处、资源处和文件处等。
- 后勤部门由后勤部门负责人牵头，负责维护应急行动中心设施设备，并为派遣到应急行动中心的所有人员运输物品、食品和医疗用品。后勤部门处室包括人事处、设备物资处、设施管理处、餐饮住宿处等。
- 财务和行政部门由财务和行政部门负责人牵头，负责管理应急行动中心所有财务事宜和费用支付工作，包括会计和审计（成本回收）处和财政（采购）处等。

5. 应急行动中心关键岗位职责清单

应急行动中心—共同责任清单

开展行动前请务必阅读以下清单！

- [ ] 工作分配：所在部门做出任务安排，明确以下几点：
  - ○ 工作任务；
  - ○ 报到地点；
  - ○ 报到时间；
  - ○ 差旅指示；
  - ○ 通信方面的特别指示，如电话号码，传输频率；
  - ○ 任务编号。
- [ ] 报到：到达应急行动中心或指定工作地点后立即办理报到。
- [ ] 初步了解情况：直属领导介绍有关情况。
- [ ] 工作材料：领取工作材料。
- [ ] 安全和健康：执行任务时应保证自身及同事的安全和健康。
- [ ] 监督：如担任领导岗位，做好组织工作和传达指示。
- [ ] 通信：了解责任区域的指定电话或手机号码及无线电频率（如有必要），确保通信设备正常运行。在无线电通信中应使用清晰的文字和术语。
- [ ] 文件：填写职位相关表格和报告，经上级部门审核后发文件处归档。
- [ ] 遣散：执行遣散指令，并做好传达指示。

应急行动中心事件处理指挥官职责清单

开展行动前请务必阅读以下清单！

- [ ] 全体工作人员均需熟悉共同责任。
- [ ] 根据已知情况确定合适的行动规模。
- [ ] 为应急行动中心的首次启用配备适当人员。
- [ ] 为应急行动中心制定人员配备计划，持续监督组织成效，视情做出调整。
- [ ] 妥善设立应急行动中心，为投入使用做好准备。
- [ ] 完成并发布应急行动中心组织结构及工作人员构成图。
- [ ] 确定综合部门人员需求，酌情任命各部门负责人，确保其按要求配备人员。

- [ ] 协调各部门负责人明确重点应急工作。
- [ ] 与配套机构建立并保持联系。
- [ ] 与各部门负责人商定应急行动中心对各辖区及其他应急机构的支持需求。
- [ ] 指派一名联络官员，负责协调外部机构向应急行动中心提出的需求。
- [ ] 协调公共信息官员（PIO）根据信息发布和媒体吹风会既定程序组织新闻发布会和审批媒体新闻稿。
- [ ] 推动联络官员与其他机构进行有效对接。
- [ ] 根据疫情现状报告为应急行动中心制定初步目标，开展动物卫生应急行动。
- [ ] 协调综合部门人员为初次计划制定会议确立管理职责目标。
- [ ] 召开初次计划制定会议，确保各部门负责人、管理人员及其他主要机构代表出席。
- [ ] 事件处理计划经计划部门制定完毕后，审查、批准并授权实施该计划。
- [ ] 定期与综合部门人员开会，确保各项目标符合实际情况。
- [ ] 定期召开负责人（或负责人代表）会议。
- [ ] 换班时向接班人员介绍情况，确保其知晓正在进行的行动和后续要求。
- [ ] 授权停用不再需要的部门及处室。
- [ ] 将计划停用时间告知其他应急行动中心（如已启用）、应急机构和其他相关机构。
- [ ] 确保停用后继续处理已启动但尚未完成的行动。
- [ ] 确保停用前完成所有需要处理的表格或报告。
- [ ] 准备为行动后报告提供思路。
- [ ] 视情按指定时间停用应急行动中心。

公共信息官员职责清单

开展行动前请务必阅读以下清单！

- [ ] 全体工作人员均需熟悉共同责任。
- [ ] 协调处理应急行动中心所有媒体发布活动。

☐ 作为首席公共信息官员代表应急行动中心。

☐ 全面、准确、持续向疫区民众提供动物卫生紧急情况、公共卫生警报、救济与援助计划等重要信息。

☐ 统筹相关政府机构网站疫情信息发布工作。

☐ 与应急行动中心事件处理指挥官共同确定新闻发布会的组织形式。

☐ 向应急行动中心事件处理指挥官寻求新闻发布政策指导。

☐ 向应急行动中心事件处理指挥官汇报所有异常信息请求及主要的批评或负面媒体评论。

☐ 协调情况处了解获取和核实重要信息的方法。

☐ 制定和发布媒体吹风会时间表，说明地点和形式，提前准备相关材料供现场发放。

☐ 必要时设立媒体资讯中心。

☐ 在媒体资讯中心设置疫情状况展示板，实时更新情况和其他参考信息。

☐ 与应急行动中心其他部门处室交流，为公共信息发布工作收集信息。

☐ 按照应急行动中心事件处理指挥官的要求，为当选或行政代表和其他政府官员筹备媒体吹风会，并为其出席媒体吹风会和新闻发布会提供必要协助。

☐ 为呼叫中心高效处理媒体和公众来电配备充足人手和电话机。

☐ 监测广播媒体，撰写后续新闻报道，开展辟谣工作。

☐ 确保留存所有新闻稿件副本（提交计划部门）。

☐ 向应急行动中心事件处理指挥官提供所有媒体新闻稿副本。

☐ 换班交接时介绍有关情况，确保相关人员了解当前工作和后续要求。

☐ 准备新闻终稿，并将后续报道联络人信息告知媒体代表。

行动部门负责人职责清单

开展行动前请务必阅读以下清单！

☐ 全体工作人员均需熟悉共同责任。

☐ 保障行动实施，包括协调分派给应急行动中心的所有应急工作。

☐ 确保事件处理计划中的行动目标和任务得到有效执行。

☐ 行动部门应保持一定的组织水平，持续监督行动成效，视情做出调整。

☐ 确保计划部门定期收悉疫情状况报告。

☐ 定期按要求向应急行动中心事件处理指挥官汇报行动情况。

☐ 全面监督行动部门工作。

☐ 妥善设立行动部门，保障人员、设备和物资到位，包括地图和疫情状况展示板。

☐ 与计划部门负责人会面，定期获得疫情初步信息。

☐ 与联络官员商议是否需要在行动部门派驻机构代表。

☐ 通过无线电或移动电话通信与实地工作人员保持联系。

☐ 了解其他应急行动中心是否已启用，并与其行动部门建立联系。

☐ 根据已知信息或疫情预测制定行动部门下一步举措。

☐ 找出行动部门当前面临的关键问题，召开部门会议，为第一行动阶段制定目标。

☐ 研究部门各处室职责，细化行动计划战略，推动实现部门目标。

☐ 向公共信息部门提供所有媒体联系方式。

☐ 定期举行情况介绍会，推动工作人员就后续行动阶段的目标达成共识。

☐ 出席应急行动中心计划制定会议。

☐ 于各次计划制定会议召开前向计划部门负责人提供行动部门目标。

☐ 确保当前行动计划中的行动部门目标正在得到落实。

☐ 确保行动部门各处室通过后勤部门相应联系人协调各项资源需求。

计划部门负责人职责清单

开展行动前请务必阅读以下清单！

☐ 熟悉共同责任清单。

☐ 确保计划部门各项职责得到落实，包括：

    ○ 收集、整理、分析和展示疫情信息；

    ○ 定期撰写情况报告；

    ○ 制定和分发应急行动中心事件处理计划；

    ○ 推动召开计划制定会议；

    ○ 提前计划和撰写报告；

    ○ 为应急行动中心各部门及处室提供技术支持服务；

    ○ 归档留存应急行动中心所有工作文件。

☐ 计划部门应保持一定的组织水平，持续监督行动成效，视情做出调整。

☐ 尽早与其他应急行动中心（即地方、州或联邦应急行动中心）计划部门建立合作。

☐ 负责全面统筹部门各处室分工协作。

☐ 及时向应急行动中心事件处理指挥官报告计划部门的重大事项。

☐ 与其他部门负责人协作，在疫情状况报告和情况报告基础上制定事件处理计划。

☐ 妥善设立计划部门，保障人员、设备和物资到位，包括地图和疫情状况展示板。

☐ 与行动部门负责人会面，获取和研究主要事件报告。

☐ 与各部门负责人商议，找出应急行动中心计划制定过程中需要解决的关键问题，包括初期和后续行动阶段需要达成的具体目标。

☐ 向应急行动中心事件处理指挥官汇报重要情况。

☐ 确保情况处跟进最新信息用于撰写情况报告。

☐ 确保行动部门撰写主要事件报告和各处情况报告，且可供计划部门查阅。

☐ 确保各行动阶段至少撰写一份情况报告并发送应急行动中心所有部门。

☐ 确保及时更新所有疫情状况展示板和其他展板信息，并且发布的信息格式简洁、清晰易读。

☐ 推动召开应急行动中心计划制定会议。

☐ 确保各部门完成其目标并做好整理发布工作，为下次计划制定会议做准备。

☐ 确保下一行动阶段开始时编制完成并分发应急行动中心事件处理计划。

☐ 与计划部门各处密切合作，确保当前应急行动中心事件处理计划中的计划部门目标正在得到落实。

☐ 确保文件处做好事件相关文件存档工作，并为应急行动中心提供复印服务。

后勤部门负责人职责清单
开展行动前请务必阅读以下清单！

☐ 全体工作人员均需熟悉共同责任。

☐ 确保后勤职责得到落实。

☐ 后勤部门应保持一定的组织水平，持续监督行动成效，视情做出调整。

☐ 确保计划部门定期收悉疫情状况报告。

☐ 妥善设立后勤部门，保障人员、设备和物资到位。

☐ 与计划部门负责人会面，获取疫情初步和后续信息。

☐ 与应急行动中心事件处理指挥官协商，确保行动、计划及财务和行政部门的人员配备能够满足应急需求。

☐ 为行动部门建立和维护与实地工作人员的无线电或移动电话通信提供必要设备。

☐ 了解其他应急行动中心是否已启用，并与其后勤部门建立联系。

☐ 根据已知信息或疫情预测制定后勤部门下一步举措。

☐ 研究部门各处室职责，细化后勤计划战略，推动实现部门目标。

☐ 向公共信息部门提供所有媒体联系方式。

☐ 出席应急行动中心计划制定会议。

☐ 于各次计划制定会议召开前向计划部门负责人提供后勤部门需求。

☐ 确保当前行动计划中的后勤部门任务正在得到落实。

☐ 确保行动部门各处室通过后勤部门相应联系人协调各项资源需求。

财务部门负责人职责清单

开展行动前请务必阅读以下清单！

☐ 全体工作人员均需熟悉共同责任。

☐ 留存事件或灾害期间的所有财务记录。

☐ 管理应急行动中心全体工作人员考勤表。

☐ 确保向实地负责人，或应急行动中心事件处理指挥官及执行应急任务的工作人员收集考勤记录表。

☐ 确定应急工作人员薪资发放方式。

☐ 制定采购订单限额。

☐ 在合理时间范围内根据具体情况处理事件或灾害应急工作中的工人赔偿诉求。

☐ 在合理时间范围内根据具体情况完成所有差旅和费用报销工作。

☐ 与人事处协调，按要求为应急行动中心各部门提供行政支持。

☐ 按要求启用财务部门各处室，持续监督部门工作，视情况做出调整。

☐ 确保应急工作期间准确留存所有回收文件并以适当形式提交相关救助机构。

☐ 与各应急行动中心协作收集和整合应急行动成本估算及其他信息。

☐ 与后勤部门负责人会面，审查财务及行政支持要求与程序，指定采购职权。

☐ 如有迹象表明辖区无法继续为应对和恢复工作支出提供支持，需立即告知应急行动中心事件处理指挥官。

☐ 确保展示的财务部门相关信息均为最新信息，且简明易读。

☐ 参加所有计划制定会议。

☐ 确保应急行动中心事件处理指挥官、综合部门人员和参与应急工作的地方、州或联邦部门了解最新财政状况和其他相关事项。

☐ 确保成本回收处在整个事件或灾害期间留存所有财务记录。

☐ 确保各部门各处室按照成本跟踪标准操作程序准确无误地进行时间编码。

☐ 确保采购处及时处理采购订单和制定合同。

☐ 确保赔偿和索赔处根据具体情况在合理时间范围内处理动物卫生紧急情况中的所有索赔事宜。

☐ 确保考勤处通过预算和薪资办公室及时处理所有考勤表和差旅等费用报销。

☐ 确保财务部门按要求向应急行动中心其他部门提供行政支持。

参考文献 REFERENCES

Animal Health Australia. Emergency Animal Disease Response Agreement. https：//animal-healthaustralia. com. au/eadra/.

Animal Health Australia. 2019. *AUSVETPLAN Control Centre Management Manual*，*Part* 1 *and* 2. https：//animalhealthaustralia. com. au/ausvetplan/.

Animal Health Australia. 2020. Government and Livestock Cost Sharing Deed in Respect of Emergency Animal Disease Response.

Animal Health Australia. *Nationally Agreed Standard Operating Procedures*. https：//ani-malhealthaustralia. com. au/nationally－agreed－standard－operating－procedures/.

CDC. Centre for Disease Control and Prevention. 2017. *Hierarchy of Controls Applied to NIOSH TWH*. https：//w ww. cdc. gov/niosh/twh/guidelines. html.

Center for Food Security and Public Health. *Just－in－Time Training for Responders*. https：//www. cfsph. iastate. edu/emergency－response/just－in－time－training/.

Colombia Ministry of Agriculture. https：//www. minagricultura. gov. co/Paginas/fondos_parafiscales. aspx.

European Union. COMMISSION DECISION of 28 February 2007 establishing a Community Veterinary Emergency Team to assist the Commission in supporting Member States and third countries in veterinary matters relating to certain animal diseases. https：//eur－lex. europa. eu/legal－content/EN/TXT/PDF/? uri＝CELEX：32007D0142&from＝EN.

FAO. 2011. *Good Emergency Management Practice*，*Standard Operating procedures for HPAI Response*. http：//www. fao. org/3/a－i2364e. pdf.

FAO. 1999. *Manual on Livestock Disease Surveillance and Information Systems*. https：//www. fao. org/3/x3331e/X3331E00. htm.

FAO. A guide to compensation schemes for livestock disease control. *http：//www. fao. org/ag/againfo/resources/documents/compensation_guide/introduction. html*.

FAO, WOAH, WHO. 2019. *A Tripartite Guide to Addressing Zoonotic Diseases in Countries* http：//www. fao. org/3/ca2942en/ca2942en. pdf.

FAO. 2021. *FAO Strategy for Private Sector Engagement*，2021—2025. Rome. http；//doi. org/10. 4060/cb3352en.

Gary, F. , Clauss, M. , Bonbon, E. & Myers, L. 2021. Good emergency management practice：The essentials－A guide to preparing for animal health emergencies. Third edition. FAO Animal Production and Health Manual No. 25. Rome，FAO. https：//doi. org/10. 4060/cb3833en.

Inter - Agency Standing Committee. 2018. *Standard Operating Procedures，Humanitarian system - wide scale - up activation，Protocol 1：Definition and Procedures*. https：//interagencystandingcommittee. org/system/files/181113 _ protocol _ 1 _ - _ system - wide _ scale - up _ activation _ final. pdf.

Miller, L. P. , Miknis, R. A. and Flory, G. A. 2020. *Carcass management guidelines - Effective disposal of animal carcasses and contaminated materials on small to medium - sized farms*. FAO Animal production and health Guidelines no. 23. Rome，FAO. https：//doi. org/10. 4060/cb2464en.

World Organisation for Animal Health（WOAH）. 2021. *Terrestrial Animal Health Code*. https：//www. woah. org/en/what - we - do/standards/codes - and - manuals/terrestrial - code - online - access/.

World Organisation for Animal Health（WOAH）. 2016. *Guidelines on Disaster Management and Risk Reduction in Relation to Animal Health and Welfare and Veterinary Public Health*. https：//www. woah. org/app/uploads/2021/03/disastermanagement - ang. pdf.

World Organisation for Animal Health（WOAH）. 2019. *Guidelines for Public - Private Partnerships in the veterinary domain*. https：//www. woah. org/fileadmin/Home/eng/Media _ Center/docs/pdf/PPP/oie _ ppp _ handbook - 20190419 _ ENint _ BD. pdf.

World Organisation for Animal Health（WOAH）. *Emergency and Resilience*. https：//www. woah. org/en/what - we - offer/emergency - and - resilience/.

World Organisation for Animal Health（WOAH）. 2021. *Terrestrial Animal Health Code. https：//www. woah. org/en/what - we - do/standards/codes - and - manuals/terrestrial - code - online - access/.*

UNDRR. 2009. *Agricultural Emergency Response Plan Template*. https：//www. preventionweb. net/files/27076 _ cookislandsanimalhealthemergencyres. doc.

USDA. 2016. *HPAI Preparedness and Response Plan* https：//www. aphis. usda. gov/animal _ health/ downloads/animal _ diseases/ai/hpai - preparedness - and - response - plan - 2015. pdf.

USDA. 2016. *Foreign Animal Disease Response，Ready Reference Guide - Roles and Coordination*. https：//www. aphis. usda. gov/animal _ health/emergency _ management/downloads/fad _ prep _ rrg _ roles _ coordination. pdf.

USDA. 2018. *The Foreign Animal Disease Preparedness and Response Plan（FAD PReP）/ National Animal Health Emergency Management System（NAHEMS）Guidelines* https：//www. aphis. usda. gov/animal _ health/emergency _ management/downloads/nahems _ guidelines/fadprep - nahems - guidelines - health - safety. pdf.

USDA. 2020. *Foreign Animal Disease Preparedness and Response Plan（FAD PReP）- Foot - and - Mouth Disease（FMD）Response Plan：The Red Book*. https：//www. aphis. usda. gov/animal _ health/emergency _ management/downloads/fmd _ responseplan. pdf.

联合国粮食及农业组织畜牧生产及动物卫生手册

1. 小规模养禽业，2004（英文、法文）
2. 肉类产业良好生产规范，2004（英文、法文、西班牙文、阿拉伯文）
3. 高致病性禽流感防控，2007（英文、阿拉伯文、西班牙文[e]、法文[e]、马其顿文[e]）
3. 高致病性禽流感防控，修订版，2009（英文）
4. 野生鸟类高致病性禽流感监测——健康禽只、病禽和死禽的样品采集，2006（英文、法文、俄文、阿拉伯文、巴什基尔文、蒙古文、西班牙文[e]、中文[e]、泰文）
5. 野生鸟类与禽流感——应用领域研究与疫病采样技术，2007（英文、法文、俄文、阿拉伯文、印度尼西亚文、巴什基尔文）
6. 拉丁美洲及加勒比区域 H5N1 亚型高致病性禽流感补偿计划，2008（英文[e]，西班牙文[e]）
7. 利用 AVE 地理信息系统，开展基于风险的禽流感流行病学监测，2009（英文[e]，西班牙文[e]）
8. 非洲猪瘟应急计划的编制，2009（英文、法文、俄文、亚美尼亚文、格鲁吉亚文、西班牙文[e]）
9. 饲料工业良好生产规范手册——实施《国际食品法典——动物饲养良好规范》，2009（英文、中文、法文、西班牙文、阿拉伯文）
10. 参与式流行病学——流行病学情报务实收集方法，2011（西班牙文[e]）
11. 良好应急管理实践：必要元素——动物卫生突发事件准备指南，2011（英文、法文、西班牙文、阿拉伯文、俄文、中文、蒙古文[**]）
12. 探索蝙蝠在人畜共患病中的作用——生态、保护与公众健康利益平衡，2011（英文）
13. 反刍幼畜代乳料和初期饲料喂养，2011（英文）
14. 动物饲料分析实验室质量保证，2011（英文、法文[e]、俄文[e]）
15. 开展全国饲料评估，2012（英文、法文）
16. 饲料微生物分析实验室质量保证手册，2013（英文、中文[**]）
17. 基于风险的疫病监测：证明无疫监测设计与分析——兽医指导手册，2014（英文）
18. 应急期间家畜相关干预措施操作手册，2016（英文、中文[**]）
19. 非洲猪瘟：发现与诊断——兽医指导手册，2017（英文、中文、俄文、立陶宛文、塞尔维亚文、阿尔巴尼亚文、马其顿文、西班牙文）

20. 结节性皮肤病——兽医实地工作手册，2017（英文、俄文、阿尔巴尼亚文、塞尔维亚文、土耳其文、马其顿文、乌克兰文、罗马尼亚文、中文）

21. 裂谷热监测，2018（英文、法文、阿拉伯文）

22. 野猪与非洲猪瘟：生态和生物安全，2019（英文、俄文**、法文**、西班牙文、中文**、韩文、立陶宛文）

23. 养猪业和养禽业中抗微生物药物的谨慎高效使用，2019（英文、俄文、法文**、西班牙文**、中文**）

24. 饲料工业良好规范手册——实施《国际食品法典——动物饲养良好规范》，2020（英文、越南文**）

25. 良好应急管理实践：必要元素——动物卫生突发事件准备指南，第三版，2021（英文、西班牙文、俄文、法文、阿拉伯文）

26. 动物卫生紧急情况行动后审查指南，2022（英文）

可获得日期：2022 年 5 月

Ar——阿拉伯文	Ko——韩文	Sq——阿尔巴尼亚文
Ba——巴什基尔文	Lt——立陶宛文	Sr——塞尔维亚文
En——英文	Mk——马其顿文	Th——泰文
Es——西班牙文	Mn——蒙古文	Tr——土耳其文
Fr——法文	Pt——葡萄牙文	Uk——乌克兰文
Hy——亚美尼亚文	Ro——罗马尼亚文	Vi——越南文
Id——印度尼西亚文	Ru——俄文	Zh——中文
Ka——格鲁吉亚文		

Multil——多语种	*——停止印刷	**——准备印刷
e——电子出版物		

联合国粮食及农业组织畜牧生产及动物卫生手册可通过粮农组织授权的销售代理或直接从粮农组织市场营销组获得，地址：Viale delle Terme di Caracalla，00153 Rome，Italy。

联合国粮食及农业组织动物卫生手册

1. 牛瘟诊断手册，1996（英文）

2. 疯牛病手册，1998（英文）

3. 猪蠕虫流行病学、诊断和防治，1998（英文）

4. 家禽寄生虫流行病学、诊断和防治，1998（英文）

5. 认识小反刍兽疫——实地手册，1999（英文、法文）

6. 国家突发动物疫情应急预案制定手册，1999（英文、中文）

7. 牛瘟应急预案制定手册，1999（英文）

8. 畜禽疫病监测和信息系统手册，1999（英文、中文）

9. 认识非洲猪瘟——实地手册，2000（英文、法文）

10. 参与式流行病学手册——流行病学情报务实收集方法，2000（英文）

11. 非洲猪瘟应急预案制定手册，2001（英文）

12. 疫病根除扑杀程序手册，2001（英文）

13. 认识传染性牛胸膜肺炎，2001（英文、法文）

14. 传染性牛胸膜肺炎应急预案制定，2002（英文、法文）

15. 裂谷热应急预案制定，2002（英文、法文）

16. 口蹄疫应急预案制定，2002（英文）

17. 认识裂谷热，2003（英文）

图书在版编目（CIP）数据

动物卫生应急行动管理手册／联合国粮食及农业组织编著；谭茜园，阮敏，吕艾琳译. —北京：中国农业出版社，2023.12
（FAO中文出版计划项目丛书）
ISBN 978-7-109-31196-1

Ⅰ.①动… Ⅱ.①联… ②谭… ③阮… ④吕… Ⅲ.①兽医卫生检验－危机管理－手册 Ⅳ.①S851.4-62

中国国家版本馆 CIP 数据核字（2023）第 191070 号

著作权合同登记号：图字 01－2023－4025 号

动物卫生应急行动管理手册
DONGWU WEISHENG YINGJI XINGDONG GUANLI SHOUCE

中国农业出版社出版
地址：北京市朝阳区麦子店街 18 号楼
邮编：100125
责任编辑：郑 君 文字编辑：范 琳
版式设计：王 晨 责任校对：吴丽婷
印刷：北京通州皇家印刷厂
版次：2023 年 12 月第 1 版
印次：2023 年 12 月北京第 1 次印刷
发行：新华书店北京发行所
开本：700mm×1000mm 1/16
印张：5
字数：95 千字
定价：49.00 元